中核集团技术经济总院
第四届“五四”青年学术报告会论文集

中核集团技术经济总院科技委　编

中国原子能出版社

图书在版编目（CIP）数据

中核集团技术经济总院第四届“五四”青年学术报告会论文集 / 中核集团技术经济总院科技委编．—北京：中国原子能出版社，2019.12

ISBN 978-7-5221-0189-7

Ⅰ.①中… Ⅱ.①中… Ⅲ.①核电工业-文集
Ⅳ.①TL-53

中国版本图书馆 CIP 数据核字（2019）第 260235 号

中核集团技术经济总院第四届“五四”青年学术报告会论文集

出版发行 中国原子能出版社（北京市海淀区阜成路 43 号 100048）
策划编辑 王 丹
责任编辑 左浚茹
装帧设计 崔 彤
责任校对 冯莲凤
责任印制 潘玉玲
印　　刷 北京九州迅驰传媒文化有限公司
经　　销 全国新华书店
开　　本 787 mm×1092 mm 1/16
印　　张 12.125
字　　数 148 千字
版　　次 2019 年 12 月第 1 版 2019 年 12 月第 1 次印刷
书　　号 ISBN 978-7-5221-0189-7 **定 价 50.00 元**

网址:http://www.aep.com.cn **E-mail:atomep123@126.com**
发行电话:010-68452845

《中核集团技术经济总院第四届“五四”青年学术报告会论文集》

编委会

前　言

中核集团技术经济总院（以下简称“总院”）“五四”青年学术报告会是响应中核集团公司《关于进一步深化青年创新创效活动的意见》，由总院科技委、党群工作部、团委联合创办的。报告会旨在为青年职工搭建创新平台，展示优秀创新成果，促进青年学术与业务交流，推进创新成果共享、推广和应用，现已成为总院青年人两年一度交流、沟通、合作、创新的一次盛会。

总院作为中国核工业集团有限公司的专业智库，承担着中国核工业集团有限公司决策支持中心、管理支撑中心、信息服务中心和技术咨询中心的重任。

青年是总院的未来和希望！青年工作者是总院的一支重要生力军，而且随着时间的推移，这支生力军将发挥更加突出的作用，是总院实现“十三五”发展规划和中长期远景目标，为中国核工业集团有限公司改革、发展、稳定提供强有力智力支持的主力军。构建各种平台，展示青年才华，不断促进青年科技工作者的成长成才，既是总院人才工作的一项十分重要的内容，也是总院做优做强的重要举措。

《中核集团技术经济总院第四届“五四”青年学术报告会文集》共收录了13篇报告（论文），涵盖了核情报研究、核工业知识产权研究、核工业战略与经济研究、企业文化等相关领域。文集的出版发行，既是对院青年科技工作者的支持与鼓励，也为相关专业领域进行研究提供了一份有益的参考。

衷心感谢作者和参加报告会嘉宾的参与和支持，感谢所有评审专家对论文评审工作的贡献，感谢中国原子能出版社对本文集出版工作的大力支持，向所有关心和支持总院第四届青年学术报告会的领导和专家表示衷心的感谢！

中核集团技术经济总院

2019年8月

目　录

美国兰德公司概况研究

中国核科技信息与经济研究院核科技信息研究所

闫寿军　梁和乐　赵　远

摘　要：兰德公司是美国非营利性全球政策智囊，由道格拉斯飞行器公司于 1948 年创建，旨在为美国国防部提供战略研究和分析服务。兰德公司的经费由美国政府和私人捐赠基金、公司、大学和个人提供。该公司可以为其他政府、国际组织、私营公司和基金会提供一系列国防和非国防问题的研究服务。兰德致力于跨学科和量化分析的方法解决问题，通过应用科学和运筹学研究，将理论概念从经济学和物理转化为其他领域的新应用。本文系统介绍了兰德公司的组织体系、人才管理、经费管理、成果管理和基础设施及学术资料，以资参考。

关键词：兰德公司；组织体系；人才管理；经费管理；成果管理

1　公司背景

RAND 是英文“Research and Development”（研究与发展）的缩写。1946 年 3 月 1 日，兰德计划依托道格拉斯飞机公司正式启动，其章程中写道：“兰德是永久性维持科技领域开发和制作工作的新生机构，旨在为美国空中作战领域开展广泛的科学研发，并为空军提供战略分析及战术储备。”1948年11月，由福特基金会捐助，在兰德计划基础上正式成立了兰德公司。兰德公司成立之后第一份研究报告是《实验性绕地空间飞行器的早期设计》，报告建议制造人造地球卫星，描述了今天看起来习以为常的空间活动，但这一研究成果当时被认为完全脱离现实。1957年苏联发射了人类历史上第一颗人造卫星。这一次，兰德再次发挥了“神预测”，其发布的研究报告详细预测出苏联发射第一颗人造卫星的具体时间，与苏联实际发射时间相差不到两周，预测能力震惊世界，从此确立了兰德作为高端智库的地位[1]。

冷战时期，兰德对中美建交、古巴导弹危机、美国经济大萧条、东西德统一等诸多重大事件都进行了成功预测，声名大振，成为美国政界、军界的首席智囊机构。作为传统，兰德的研究项目很大部分与政府、国家的战略利益相关，总是选择军事、政治、外交、经济、文化、教育和科学技术等领域中最需要解决的重大问题进行研究，并十分重视对未来重大事件的预测性研究，为美国对外对内政策提供一定的决策依据。

2 组织体系

兰德的组织结构分为两大部分：一是行政部门，二是学术研究部门。行政部门负责各项行政事务，如对外联系客户、宣传公司、出版传播、招募和培训员工等，对内为研究人员和其他员工提供各项服务等；学术研究部门则是公司的核心，专心从事各种课题的具体研究工作[2-4]。

兰德在研究人员和研究计划之间实行矩阵式的组织管理，体现了思想库的“组织智慧”。兰德所有的研究人员行政上属于“职员发展与管理办公室”下设的“研究人员管理部”，各类研究人员按其教育和学科背景划归六个学部领导，这六个学部是管人的，学部主任向行政副总裁汇报，负责人员的招聘、考核、薪酬、提拔、培养、警告或解聘，以及该学科的业务建设，同时也审查课题安排、研究进度、人员工作情况和经费开支情况。每个部都设有研究助理。同时，兰德公司又按研究课题设立了 11 个业务单元，即各研究部、所和中心，研究项目的开展及经费的管理由研究部门负责。项目负责人根据课题的性质和需要，以项目为基线，根据其主要性质挂在某研究部门，再按需要涉及不同学科的知识和专门经验，到六个研究人员管理学部去招聘调配研究人员，组成课题研究小组集中工作，待课题结束后研究人员再回到各自原来的学部中去按新项目重新组合，形成了内部流动的劳动力市场（见图 1）。

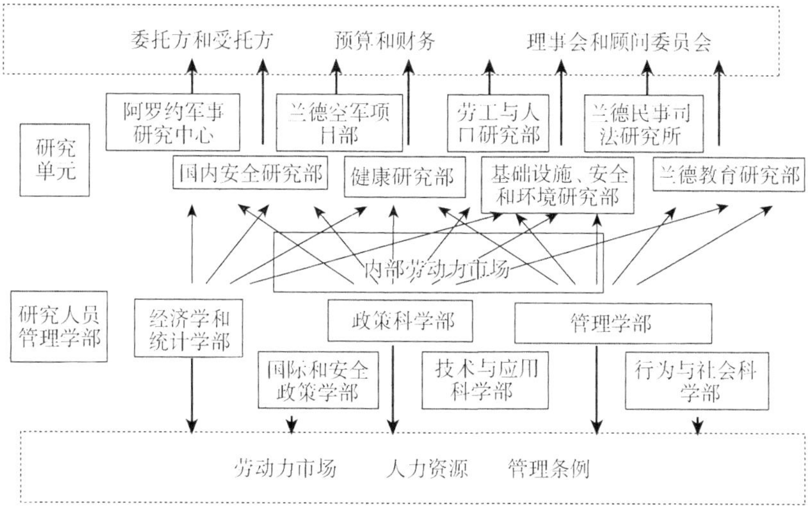

图 1　兰德公司的矩阵式人员组织[5]

学部主任不交叉担任研究部门的负责人，但各个研究成果报告由管人的学部主任（不是管课题的研究部门负责人）指定公司内部的两名专家（不一定是学术权威）审定。学部主任本身也是某个领域的专家教授，也会持续以普通研究员身份参与研究项目做部分时间研究工作，但其很重要的一项职责就是寻找、聘用合适的高级研究人才。他们每年在参加专业学术年会、专题座谈会及访问大学等方面花费了很多时间与精力以寻觅合适的人才。各学部近年来也重视并组织一定人力做本学部各学科的基础研究，以增强研究力量的长期潜力和后劲。

兰德负责研究部门的副总裁，不仅要掌管科研经费的使用，组织协调科研活动，有时还要直接牵头进行某个重大项目的研究。各研究部门负责人直接对总裁负责，同时也要接受分管研究部门的副总裁的领导。这种矩阵式科研管理模式的特点是：管钱的不管人，管人的不管钱，以课题任务进行编组，开展跨学科的交叉研究。一旦项目完成以后，就会出现新的研究组合。它兼收了直线主管组织和横向工作组织的长处，促进了各学科人员之间的交流合作和取长补短，既有利于研究队伍整体的专业培养和学科建设，又符合研究项目需要集中多学科专家共同工作的特点，因而它成为现代思想库较为理想的组织形式。

3 人才管理

兰德公司认为，人才是现代竞争力的核心，是最根本的决定性的因素。为了把公司建成世界一流的“智库”，不仅要调动每个员工的工作积极性和主观能动性，而且更重要的是用制度整合分散的人才，提升人才的整体集聚效应，打造高素质的团队。只有具有整体团队的力量，才能向政府和客户提供有公信力和有思想的研究报告和政策建议[6]。

3.1 重视人才集聚效应

作为综合性研究机构，兰德公司始终坚持“以才取人”，强调研究人员专业的多样化。目前，在该公司1 600多名员工，有950多名员工从事或部分从事研究工作，拥有硕士以上学位的达85%，拥有博士学位的达65%以上。据2009年统计，在该公司研究人员中，拥有各种专业学位的比例为：政治科学和国际关系专业占13%、经济学占13%、行为科学占11%、法律和商务占10%、工程学占10%、数学运算研究和统计占9%、社会科学占8%、政策分析占7%、生命科学占7%、物理学占5%、艺术类占4%、计算机科学占2%，无专业学位的仅占1%。兰德公司特别重视不同专业的直接碰撞、协调和融合。不同专业的研究人员通过自由讨论和辩论，互相启发，使跨学科的综合研究更具创新性和科学性。公司还要求专业研究人员每天要拿出20%左右的时间研究本专业的新进展，以使专业知识不落后于最新水平；有自然科学学位的人员要学习社会科学，有社会科学学位的人员要学习自然科学。

研究人员的背景多样化也可提升人才的整体集聚效应。兰德公司的研究人员来自世界50多个国家和地区，他们有不同的信仰、政治背景、思想观念、经历和工作经验等，他们对一些问题的看法也不同，这有助于从多种角度分析问题，尤其对研究全球性问题尤为重要。

为了防止学术研究僵化，兰德公司非常重视人员流动。公司对研究人员的管理主要采用合同制和聘任制，保障他们的年轻化，目前他们的平均年龄为35岁左右。另外，一些骨干研究人员还常常被派到其他研究机构工作一段时间，这种人才交流方式有助于吸收新观点和拓宽研究思路。

3.2 吸纳社会人才

兰德公司为了拓展新领域、开展新课题研究，非常重视吸纳社会上的优秀人才。“智库”是学术界与政府之间的“桥梁”。为了进行高质量研究，公司从社会上聘用了600多名有名望的教授和高级专家作为特约顾问或研究员，他们的任务是参与公司的管理，对重大课题进行研究分析和成果论证等。美国前国务卿基辛格博士在进入尼克松政府之前，就是兰德公司的顾问。还有30位诺贝尔奖获得者曾为兰德公司工作过，如2009年诺贝尔经济学奖得主之一奥利弗·威廉姆森在1964—1966年曾是兰德公司的顾问。该公司还与斯坦福大学、波士顿大学和新加坡国立大学等30多所高校建立了合作关系[7]。吸纳社会上的优秀人才从整体上提高了公司对公共政策的研究和分析实力，使得研究成果更具新颖性和开拓性。

兰德公司的“智库”在学术界和政界的“旋转门”现象中占据特殊位置。在美国政权更替中，“智库”的学者常常有机会跟随政党在新政府中担任要职；政党轮换后，一些退出政府的官员又回到“智库”，潜心钻研公共政策问题。该公司的许多理事曾在国防部、劳动部、国会和驻外使馆等部门担任过要职，他们的加入不仅为公司输入了新鲜血液，而且也带来了丰富的政治经验，扩大了公司的视野，拓宽了人际关系。而人际关系在“智库”与政府、议会的交往中起着十分重要的作用。

4 经费管理

4.1 经费来源

（1）从事研究而获得的报酬、佣金

兰德公司作为一个“思想库”，通常是与其客户建立合同关系，兰德公司的很多合同是同美国联邦政府签订的，比如国防部、卫生部、人力资源部、教育部、国家科学基金、国家医学研究院、统计局等，兰德公司历年来自军方和美国政府各部门的合同经费保持在兰德公司经费总额的70%以上，大的项目有四五百万美元，研究时间持续几年，小的项目只有几万美元。其他客户包括地方政府机构、其他国家的政府和机构、国际组织、基金会、其他非盈利组织、工业界、大学以及专业协会。

（2）各种捐款和赞助

主要是来自各种基金会、私营企业及个人。近些年来，这类捐助额一直在上升。虽然从总体上来说，这一部分经费来源占兰德公司全部经费的份额并不很大，但也非常重要。兰德公司最初之所以能够起家，主要是靠福特基金会的赞助。而且，有了这些捐助的经费，兰德公司的研究就可以更加灵活多样，不必再把自己完全捆绑在政府委托的项目上，而有财力自主选择研究课题。

此外，美国思想库可以享受免交所得税和财产税的优惠，个人和企业对思想库的捐赠也从其应交纳的税额中扣除，如果捐赠的是物品，则以市价计算其价值。

（3）书籍出版和学术会议所获收入

兰德公司通过办刊物、出版书籍或出售研究报告获得一些收入，但这一部分资金收入在总经费来源中占的比重一般都不大。

4.2 项目预算

兰德公司的项目经费预算先由课题负责人根据所需要用的劳动力、旅差费、计算机费用和其他必要开支，报请项目主任审定。按这些项目计算出的数字加67%的额外开销费，再加7%的杂费，即构成向委托人提出的费用，一般为课题直接开支费的174%。在研究人员的酬劳方面，兰德公司一般在申请项目时将课题承担者的工资打入经费预算之中。

5 成果管理

5.1 成果审查

目前，兰德公司每年大约同时进行1 000多个项目的研究，大约可完成700多份报告。兰德公司对课题进程管理和评估有一套细致流程。在课题立项之后，兰德公司会利用各研究项目周报、各人员日报进行实时监测，研究人员每天要填写自己在每个项目上花费的时间。尽管提供给委托人的仅仅是一张图、一张表格或一次口头报告，或提供一个数据库，但兰德公司要求以研究报告形式作为课题研究的结果，并要经过严格的评审才能最后提供给委托单位。

兰德公司的审查制度核心是对研究产品质量的审查，其网站上公布了高质量研究和分析标准，以及具体流程，如表1所示[8]。

表1　兰德公司研究产品标准[8]

流程	标准	详细规定
研究问题	详细而明确	要从实际问题中提出具体的可研究问题，在研究伊始必须明确研究问题，带有目的性地开展研究
研究方法	精心设计、良好执行	要依据研究问题与目的选择合适的方法，积极创造新方法，并严谨、技艺高超和具体地执行研究方法
理论支撑	多学科交叉融合	杜绝在单一学科知识背景下开展研究，充分借鉴前人研究成果，与多学科融合交叉，促进研究质量提升
数据与信息	最合适	数据和信息必须清晰明了，研究人员要注重对数据质量的控制，并且保证信息是正确、可核查的
研究假设	明确合理	主要研究假设必须明确合理，可以通过提出不同假设来增强研究的准确性
研究结论	兼具理论与实践意义	研究结果应在与现有理论融合的基础上具有创新性，新理论应具备可证伪性，并在不断研究中得以发展；在实践意义上，研究结果应可以帮助决策者做出决策或在决策辩论中为其提供支持
启示和建议	逻辑严谨、出自研究发现并深入分析	高质量研究中的启示和建议要对现有知识具备检验的功能，提升现有理论或有所修改；启示和建议必须合乎逻辑并能得到充分论证，在提供行动建议时必须包括针对不适用条件的警告
产品成果	精确、可理解、结构清晰、表达适当	在以多种形式进行的产品表达中，准确性是第一位的要求，在面对不确定的情况下研究人员必须对己方观点充分自信；必须通过对定义和技术术语进行解释、对复杂和新奇想法解释以及采取图表的方式便于受众理解；研究成果需采取直截了当、精确和温和的表达以适应更广泛的受众
研究整体要求	令人信服、有用、影响利益相关者与决策者	研究内容必须兼具效用性和有趣性，必须在解决现实问题中起到重要作用，在与利益相关者和决策者的接触中保持独立的基础上也需要为研究的相关性和建议的实用性与其保持必要联系
	客观、独立、公正	通过保证研究的客观性促进研究结果的实用性，坚持严格的研究质量控制，在科学观点和政策观点之间保持平衡、公平

兰德公司的研究成果审查机制称为“内部评审制”（也称“同行评审制”），有一套内部质量标准。兰德公司任何一个专业研究人员都将有机会被要求参与不止一次审查工作，以提高业务素质。每个研究计划都会由学部主任选择 2～3 名该领域未参与该研究计划的资深研究人员作评审员，负责计划开始后的期中审查和计划临近结束时的期末审查，写出评审报告，以判断其是否达到了兰德公司的工作要求。再组织评审会议，由项目完成者解答评审人提出的问题；报告需经本部门两人、外部门一人参加评审同意，才能通过。然后，由分管该研究部的副总裁审定，才能发表。

兰德公司按照研究成果水平，将其分为两类：报告、论文和专业文章。其中报告是必须经上述评审过程审查通过的研究成果。论文用于正式对外交流，发表前需经 3～9 位国内外同行的审议和不记名投票，经过修改后由评委表决是否通过，所以论文代表公司科研的第一流水平。对于学术水平不够，或因故审查未能通过的论文，即便委托单位同意接受，也不能以兰德报告的名义发表。对于研究有错的课题，一般采取改换研究人员的办法重新研究。公司鼓励每个研究人员积极参加评议别人的结果，并以此作为考核工作成绩的指标之一。

5.2 成果推广

（1）发表著作或研究报告

思想库往往选择重大的、紧迫的政策性问题，组织力量和专门班子加以研究，写成报告后广为散发传布，以求对政府及其官员施加影响。成立 60 多年来，兰德公司发表了大量的研究成果。据有关报道，兰德公司每年就有 30 多万份出版物分送给各级政府部门、大学和企业。兰德公司平均每年发表 350～450 份报告，还有大量的论文和专著，而且近几年还有逐渐增加的趋势。

（2）定期出版物

包括供发表本思想库最新研究成果的期刊；旨在加强和扩大思想库在学术界影响的工作论文；旨在就当前重要政策问题发表见解并引导公众舆论的快报；旨在总结和展示思想库各个方面情况并向外界宣传介绍自己的年度报告等。兰德公司出版的定期刊物主要是《兰德评论》和《兰德经济》，前者主要定期报道兰德公司的研究成果及与公众利益相关的问题。此外，还有会议纪要、国会听证会的证词证言、兰德研究生院学位论文、研究摘要、白皮书等。

（3）出席国会听证会

兰德公司采用提交研究报告和背景材料、出席国会听证会等形式向决策部门提出政策建议。为方便联络国会，兰德公司特别设有国会关系办公室，由一名主任、两名立法事务分析员和一名行政助理组成。兰德公司还在其网站上特别设置国会资源一栏，以方便决策者寻找与当前国会议程相关的研究与分析材料。这些材料包括：①由兰德研究人员所做的国会证词；②政策问题的事实材料；③兰德公司对国会所做简报的摘要；④综合性的公共政策专家指南，以方便国会议员寻找适当的咨询人选；⑤简便易读的通讯组新闻信件，相关题目包括儿童政策、健康卫生、教育、国家安全以及恐怖主义等。国会关系办公室的主要作用是组织兰德公司的研究人员前往国会进行作证、编写简报，或者帮助议员寻找适当的专家进行咨询，办公室的工作人员同国会议员及其工作班子保持着密切的联系，并通过提供政策建议案等活动影响国会决策。

（4）媒体发声

20 世纪 70 年代中期以来，思想库除借助传统的印刷品推销研究成果外，更多地通过现代电子媒体来介绍自己的研究成果与政策主张。思想库的精英通过在大众媒体中频频亮相来引发公众对于特定时政问题的关注并引导社会舆论，由此形成有利于决策者采纳其政策主张的公众舆论导向，进而影响美国内外政策。兰德公司宣称为了更好地完成它的使命，自己的研究成果，总是尽可能地向公众广为发放，举办讲座和在报纸杂志上发表文章等形式是兰德公司对公众宣传、解释自己的政策和观点的主要途径。

5.3 研究方法总结

聘请专家为课题研究献计献策是大多数咨询机构惯用的手段。兰德公司的过人之处在于它并不只是把专家请来就万事大吉，而是创造了德尔菲法、头脑风暴法等一系列著名方法，从专家那里获得了更多、更深入的智力支持。

兰德公司为政策分析和研究创造了许多新方法，并一直坚持这一传统。例如，创建了在不确定条件下的决策理论和技术，为博弈理论做出了基础性贡献；发明了线性规划和动态规划技术；首创数学建模及仿真的研究方法；还有网络理论、成本分析等全新的研究方法。兰德的专家们还在软科学领域创造了一整套政策研究的跨学科的分析方法。如著名的线性规划方法；非线性规划及最优化方法；运筹学及博奕论在政策分析的应用；特尔斐专家调查法及 A 因子法等。兰德公司建设了“分析方法中心”，其下辖 6 个具体方法中心，专门进行分析方法与工具的构建（见表 2)。其分析方法中心为整体智库的研究提供了坚实方法基础，保证研究的高效、结果的准确与实用性。

表 2　兰德公司分析方法中心一览表[9]

方法中心	方法中心概述	方法与工具
应用网络分析与系统科学中心	本中心采用严格的网络研究方法来应对紧迫的政策挑战。这项工作提供了有关影响物理，人类和组织系统的结构，背景和社会因素的重要见解	可视化
		网络指标描述
		网络统计模型
因果推理中心	因果推理中心致力于改进最先进的因果推理方法的使用，帮助研究人员理解原因和结果之间的关系，在健康、劳动力、教育、环境研究、公共安全和国家安全政策领域提升分析能力	工具变量
		倾向得分
		随机研究
		回归不连续性
不确定性决策中心	不确定性决策中心评估政策领域和研究途径中不确定性和风险杠杆的深度和广度。它采用多种方法，包括预测和决策支持，在不确定性高、风险复杂，并且这些决策的影响是长期和面向未来的广泛环境中分析组织决策	预测
		决策支持
		心理模型
		行为实验
游戏方法中心	游戏中心促进在研究中使用游戏，以改善广泛政策领域的决策，包括城市规划、气候变化、毒品政策、灾害响应、核扩散和军事行动	赌博游戏
		模拟测试
		模型试验
定性和混合方法中心	定性和混合方法中心通过探索性数据收集和分析、开发和推广用于生成基于经验的见解的工具。混合方法适用于涉及新环境和外国文化背景的情况	半结构化访谈
		文化领域分析
		团队主题分析
		语料库分析
可扩展计算和分析中心	可扩展计算和分析中心通过培养大规模数据使用最佳实践的专业知识社区，参与支持兰德数据科学的转型	基础设施搭建
		算法构建
		应用设计

兰德公司能从项目的开始就进行抽样覆盖率的精度分析，其下设有一个由 30 多人组成的抽样小组，协助各课题组进行抽样方案设计、样本选取及具体的抽样实施工作。他们的抽样形式有当面采访、书信问卷调查及电话询问。抽样小组设有 20 多台电话采访终端，调查员随时把采访对话输入到电脑中，一位专家通过终端显示来监察采访过程，控制采访质量。

近 5 年以来，兰德公司“分析方法中心”共针对项目需求创造了包括模型、数据库、计算器、计算机代码、GIS 绘图工具、从业者指南、Web 应用程序和各种工具包等在内的分析方法与工具 90 项，所有工具都通过同行评审以保证质量，这些工具为兰德公司的研究打下了坚实的科学基础。

6 基础设施及学术资源

6.1 强大数据库和计算机系统支持

兰德公司研究产品以解决问题为主要目标，多采取实证研究的方式，在实证过程中需要大量的事实、信息和数据进行支撑与分析，兰德公司构建了属于自己的数据库体系，以便研究人员使用。兰德公司整合了来自美国联邦、各州、大都市区等层次级别共计 14 大类 343 个数据库，其范围涵盖人口、环境、商业、能源、犯罪、交通、政府等方面的数据统计资源，通过链接的形式提供统一入口，方便使用，有效地为研究人员提供数据与信息支持，并详细标明了各数据库的数据层级、数据库名称、地区覆盖范围、更新周期、数据时限、本次更新时间与下次更新时间、数据源和数据库应用网址等内容，具体数据库涵盖类别见表 3。

表 3　兰德公司数据库体系[9]

数据库类别	数量	数据库类别	数量
人口与人口统计资料	48	收入、支出、财富与贫困	10
环境、资源和天气	18	劳动力、就业和收入	11
健康与保健	56	社会保险与人类服务	6
基础教育	59	能源	18

续表

数据库类别	数量	数据库类别	数量
商业与经济学	24	交通与旅游	20
高等教育	14	联邦政府	12
犯罪、监狱和法院	69	州和地方政府	18

兰德公司拥有良好的研究基础设施，位于洛杉矶海边风景区，占地13亩（1亩≈666.7 m^2）横跨两个街区，三层研究大楼七层行政大楼，研究大楼整个底层都是图书馆，藏书近百万册，各种报告30万份，期刊约3 000种，以及大量缩微卡片和各种比例尺的地图等。馆内应用计算机建立各种数据库，以供随时查询。图书馆一半为保密区，藏有大量外交、国防文件等国家机密。七层行政大楼设有计算机室、警卫处等各种机构。研究人员每人一间宽敞、设备现代化的办公室。

面对海量的信息和数据，为了进一步提高研究人员的研究能力，兰德公司还建立了许多数据库供研究使用。目前兰德公司计算机中心拥有一支一百三十多人的编制程序专家、系统分析专家以及工程技术人员队伍，管理和运用着大量先进的设备，向研究人员提供多种服务。它是今天美国在这方面的几大权威之一，以其计算机科学的高深造诣和拥有一批计算机科学领域的知名学者而著称于世。

兰德公司拥有全美一流的具有40年历史的调查研究小组，凭借其创造性的调查设计、数据采集和方法研究闻名于世，其调查结果常常被各种科研单位引用。兰德公司同样拥有一流的统计学小组，特别擅长数据分析、实验设计、抽样以及统计计算，这些小组为兰德公司的各种研究提供服务，立下了汗马功劳。

6.2 注重辅助研究队伍配置

为了保证研究工作的高效率，兰德公司非常重视研究人员与辅助人员的合理配置，重视辅助人员即秘书和研究助手的作用，在人数上辅助人员的比例超过了研究人员。兰德公司的经验是“两个研究员不如一个研究员加半个秘书的效率高”。正是由于这些秘书、助手们高效率而又安心、细致地包揽了打字、准备资料以及内外联系等所有“杂务”，研究员们才得以专心致志研究。因此，兰德公司一般 1～4 名研究人员配备一名秘书；当研究人员工作量大且经费充裕时可以申请增加秘书；一个高层管理人员有 2～3 名秘书协助工作。兰德公司的卓越工作，是与其强有力的研究后勤服务分不开的。在公司的专业人员中，有相当一部分人专门从事图书、资料、计算机等工作，效率很高，研究人员所需的所有资料都可由公司图书馆的专业人员提供，繁杂的计算可由计算机专业人员完成。其提供资料等工作的效率和负责精神，使研究人员享有“不出门便知天下事”和“饭来张口”的便利。科学家可以集中思考他本领域内的问题，而不必为其他技术性问题费心，从而大大提高了工作效率。

7 总结

兰德公司的一些做法与经验值得借鉴：

第一，有一批多学科、多元化的国际一流战略专家。把聚集国际一流高端战略专家作为科技智库建设的“突破口”，努力造就一支“战略专家队伍”。高端智库必然拥有一批高级智囊，打造高端化、专业化、多元化、国际化的研究队伍是高端科技智库成功的前提。结合当前我国科技与经济发展对智库的需求，必需建立一批懂科技、懂经济、懂管理的战略专家队伍，能够根据中央、国务院及有关部门决策的需要提供科学的、可操作的建议方案。根据科技高端智库的性质与特点，根据任务定学科，按照科学定岗位，根据岗位聘人才，根据人才定培养、使用方案，努力聚集、培养一批具有国际影响力的智囊或专家。同时采取内部培养、重点引进、外部聘任“三管齐下”的方式，聚集一批国际一流的战略科学家。

第二，有相对稳定的高端服务对象与客户群。根据服务对象的需求开展智库研究，不是自己会研究什么就研究什么，而是决策部门与服务对象需要什么就研究什么。一要“想在前面”，超前研究、思考一些问题，主动给领导提建议、提决策预案，供决策部门选择；二是“跟在后面”，把领导和决策部门布置的任务按时、高质量地完成，避免出现误解与偏差，只有这样才能发挥好智囊、参谋、助手的作用。当前，要特别突出智库研究的选题，要有战略预见能力，超前部署研究，突出“重点、难点、焦点、突发点”，把选题正确作为提高科技智库能力的“出发点”。科技智库的天职是为科技决策服务，只有回答当前科技与经济发展中最紧迫的重点、难点与焦点问题，才能有效支撑科技决策。智库的研究工作由“会什么做什么”转变为“需要什么做什么”，敢于、善于研究“热点、难点、焦点”问题，例如，建设世界科技强国的指标体系是什么？会不会发生新的科技革命？哪个技术、哪个国家将引领新科技革命？金融危机何时结束、如何结束？危机解除后世界经济格局是恢复还是重构？

第三，有独到的方法体系与足够的数据积累。“工欲善其事，必先利其器。”方法与数据是科技智库的“杀手锏”，科技智库建设，信息是“原料”、方法是“车间”、专家是“工人”、选题是“图纸”、报告是“品牌”、质量是“生命”。兰德公司将“最好的数据、最强的方法、最聪明的大脑”有机结合的做法值得借鉴，要加速实现研究方法由“上网络、下基层、写体会”为主向“重数据、建模型、找规律”的根本性转变。“巧妇难为无米之炊”，当前最紧迫的任务是做好数据库建设，用事实与数据说话、用议程与模型描述，建议先重点做好“8库建设”：国内外科技战略与政策库、人才库、项目库、经费库、专利与成果库、未来技术库、高科技企业库、新产品库等8个专门数据库。与此同时，加强研究方法的创新，创新一套独特的方法体系。

第四，有一批科技智库品牌产品。高端智库必然有一批高端品牌产品，当前我国科技智库亟需拿出一批知名的品牌产品。建议科技智库重点抓好“七书、三率”，即定期发布红皮书（重大科技战略、重要指示）、白皮书（科技进展报告）、黄皮书（政策报告）、绿皮书（技术预测报告）、青皮书（科技统计报告）、蓝皮书（规划报告）、紫皮书（战略新兴产业报告），定期发布不同国家的创新指数，不同省区、行业的科技贡献率以及全要素生产率。

第五，有独特的智库文化建设。文化是软实力、感召力、影响力。高端智库必须有独特、鲜明的创新文化，突出求实、创新、严谨等战略研究的基本要素，创建独特的智库文化，把文化建设作为队伍建设、制度建设的重要组成部分。讲科学、重人才，讲事实、重规律，事实胜于雄辩，真理面前人人平等，探索科学规律、挖崛内在逻辑、预测未来趋势。

第六，有完善的智库报告质量控制体系。要建立完善、严格、程序化的智库报告质量指标体系与控制体系。智库报告质量是智库生存与发展的生命线，必须像企业重视产品一样重视每一份智库报告的质量。要从选题正确、方法科学、资料翔实、逻辑清晰、结论可靠、观点明确、建议可行、文笔规范等八个方面制定可考核的指标体系，对每一份研究报告进行科学评估，防止出现系统偏差与偏见，特别要防止像写工作汇报、学习体会一样写智库报告，防止重复、解释别人的观点，没有独到的见解与建议就不能成为智库报告。

第七，有广泛的智库合作网络体系。高端智库需要在国内外建立广泛的合作与交流体系，与经济、科技、外交、文化、区域、企业等不同类型的智库建立广泛、密切的合作关系，借鉴方法、共享信息、人员交流，工作中相互学习、相互支撑。

第八，有稳定充足的资金与研发条件保障。智库是高端人才活动的场所，需要在研发经费、国际交流、职称晋升、论文发表、学习深造等方面为研发人员创造相对稳定的、国内外一流的工作环境。

第九，有相对稳定的智库成果推广与宣传传播的渠道。智库成果的推广应用是智库充分发挥自身作用的重要途径，高端科技智库要有自己相对稳定的成果推广途径与宣传渠道，让服务对象能够及时、全面地得到智库的最新研究成果，服务决策、支撑发展、引领未来。

参考文献

[1] 元利兴．国际著名智库体制机制研究［M］//中国国际交流中心．国际经济分析与展望（2016～2017）．北京：社会科学文献出版社，2017：22.

[2] 计宏亮，赵楠，綫珊珊，等．构建智库型国防科技情报研究能力体系的探索［J］．情报理论与实践，2017，40（7）：6-10.

[3] 李芳，初景利．新型智库战略与核心能力："2016 新型智库核心能力建设"高级研修班内容要点解析［J］．智库理论与实践，2016，1（4）：76-82.

[4] 王延飞，闫志开，何芳．从智库功能看情报研究机构转型［J］．情报理论与实践，2015（5）：1-4，11.

[5] RAND. 兰德公司制度原则［EB/OL］．［2018-11-06］．https://www.rand.org/

about/principles. html.

[6] 张志强，苏娜．一流智库战略研究成果的质量管理机制［J］．中国科学院院刊，2016，31（8）：940-950.

[7] 亚历克斯·阿贝拉．兰德公司与美国的崛起［M］．梁筱芸，张小燕，译．北京：新华出版社，2016：35-36.

[8] RAND. 兰德公司研究工具［EB/OL］．［2018-07-10］．https：//www. rand. org/pubs/tools. html. 18.

[9] ROBINSON E，FRIER P K，CRAGIN K. What factors cause individuals to reject violent extremism in yemen［M］．Santa Monica，CA：RAND Corporation，2017：viiix.

日本涉核公众沟通体系及后处理厂公众沟通研究

中国核科技信息与经济研究院核科技信息研究所

梁和乐　张　雪

摘　要：乏燃料后处理厂的建设是完善核工业体系的重要一环，随着公众环保安全意识的提高，公众沟通也越来越成为制约后处理厂建设的重要因素。日本涉核公众沟通政策法规完善、信息公开透明、公众参与形式多样而有效、涉核科普宣传主体广泛。日本在20世纪80年代决定在六个所村建造后处理厂，经过近十年公众沟通的努力才使该后处理厂开工建设，在这个过程中经历了切尔诺贝利核事故。在六个所后处理厂的后续建设中，反对的声音也会一直存在。日本相对完善的涉核公众沟通体系，以及后处理厂的公众沟通经验，值得我国借鉴。

关键词：乏燃料后处理厂；公众沟通；日本

发展乏燃料后处理是保证国家能源安全、国防安全和健全核工业体系的需要；同时，乏燃料后处理是降低乏燃料危害，为子孙后代负责的体现。另一方面，乏燃料后处理过程中不可避免地会产生放射性核素的排放，其对于周围居民和环境的影响受到公众的关注。在经济社会转型的大背景下，公众开始关注“社会风险”的分配，我国进入邻避事件多发期。后处理厂由于其自身环境排放特点，在公众沟通中所遇到的困难比化工厂、核电厂建设还要多。日本六个所后处理厂是世界上最近建造的大型商业后处理厂，其建设过程中也遇到了公众沟通的困难。研究日本涉核公众沟通的体系以及六个所后处理厂的公众沟通情况，可以为我国后处理厂的公众沟通提供参考。

1 日本涉核公众沟通概述

1.1 信息公开

1.1.1 信息公开的责任主体

日本政府于 1995 年设立“行政信息公开委员会”着手对政府信息公开进行研究。日本核与辐射安全信息公开主体除了核与辐射的监管机构原子能规制委员会（NSR），还有日本的核电营运公司，两者共同承担信息公开工作。

1.1.2 信息公开的形式及内容

在福岛事故之后，日本更加注重核与辐射安全方面的信息公开，进行了诸多改善。由于日本涉核政府相关机构较多，原子能规制委员会整合所有涉核政府相关机构信息公开资料，形成一个统一的信息公开网络平台，充分利用网络信息系统的便捷优势，向公众提供所有涉核政策法律、监管活动信息，同时公众也可以查询到原子能委员会、原子能安全和保安院、文部科学省所的公开信息。通过这样一个网络信息平台，对所有信息进行科学管理，公众便能够方便获取所需信息，大大提升了信息公开工作的效率性。同样，日本核电营运公司也做了许多改进。各核电公司利用自身官网，针对福岛之后公众关心的问题进行积极公开。每个核电营运公司网站主页都涵盖大量信息，且信息简单易懂、实时更新，信息内容主要涉及核电厂安全、应急防护措施、辐射环境监测等信息。

1.1.3 信息公开的法律法规保障

日本涉及核与辐射信息公开的法律共有 4 部，分别是《原子能基本法》《环境影响评价法》《原子能政策大纲》和《情报公开法》。《原子能基本法》规定了原子能领域信息公开的原则性要求；《环境影响评价法》规定了环境影响评价阶段进行信息公开的程序；《原子能政策大纲》阐述了信息公开的几点重要原则，明确了公众信任的重要性，核安全信息透明的重要性以及政府机构、核设施营运单位、研究机构进行信息公开的职责；《情报公开法》主要就政府机关信息公开进行了明确而详细的规定。

1.2 科普宣传

1.2.1 政府

日本环境省门户网站设置核事故场址去污知识的专题页面，并设有放射性物质与辐射知识的问答专栏。还主办电子公关杂志，介绍日本的环境情况和环境管理的最新信息（包括核去污情况与进展），在门户网站上发布。

日本的各县（市）政府向公众提供纸质和电子版的辐射知识手

册，介绍辐射暴露和放射性对健康影响的基础知识。手册可从县政府的门户网站上下载，或从县内各直辖市的办公室获取。

1.2.2 核电公司

基于恐怖袭击的考虑和受福岛事故的影响，日本许多核电厂暂不对公众开放。日本的电力公司邀请公众前往核电厂所在市、町的核电展示馆、核博物馆、能源博物馆等进行了解与参观，并提供各馆的参观时间、联系方式与门户网站的链接。

日本部分电力公司开设面向小学和初中学生的免费外授科普课程。由公司的员工担任讲师，通过观看视频、动手做实验等形式教授能源、电力、环保与辐射的基础知识。

日本的各电力公司在门户网站设置以能源、环境与核能发电为主题的专题页面，介绍核能发电的知识与效益，回答核能发电的必要性、安全性、反应堆燃料循环等公众关心的问题。

日本的部分电力公司在门户网站设有面向儿童的电力科普广场、电力电气课堂和科学网络杂志。以简单有趣的漫画图片、Flash 配以易懂的解说和可供儿童动手做的小实验，介绍环境、能源、电气、辐射的入门知识。

1.2.3 核安全监管机构

日本原子力规制委员会网站突出了核事故应急响应、福岛核事故后的行动进展及辐射环境监测信息发布，以应对民众和国际社会对福岛核事故的高度关注。网站整合了来自不同渠道、不同主题的环境监测数据，使公众能方便地得到核电厂周边较为完整的辐射环境映像。

1.2.4 核科学技术机构

日本原子能机构鼓励公众前往该机构的各技术研发中心进行参观体验，了解日本原子能研究机构的业务内容、研究成果和最新国内国际原子能技术。

日本原子能机构推出品牌社区科普活动“科学咖啡馆”。由该机构各研发中心的研究人员与技术人员担任主讲，在研发中心所在地的社区中以座谈沙龙形式邀请公众共同探讨核科学与核技术，增进公众与科学工作者的彼此理解。

日本原子能机构面向中小学生开设趣味实验课与科普讲座；邀请高中生前往各研发中心实习；面向日本各大学的本科生和研究生提供公益讲座。该机构加盟了由日本国内所有科学研究团体针对日本高中生联合举办的年度科学夏令营。日本原子能机构的各研发中心安排夏令营的活动内容，主要包括科学实验体验和各种实用的培训。

日本原子能机构建立了视频资源库。内容包括讲解核能发电基础知识和核电厂运行原理，介绍日本的核安全监管机构，介绍核电面临的技术挑战和在未来的技术研发方向等。该机构还与 YouTube 合作建立了一个专门的视频传播通道，普及最新的核技术研发知识和日本原子能机构的研发成果。

此外日本原子能机构还开放其图书馆。该馆是日本最大的核电图书馆，收集了日本本土和海外的大量核电材料，以及日本原子能机构最新的核技术研发成果信息。

1.2.5 核能行业协会

日本原子力产业协会面向公民团体、高校大学生举办高放废物处置交流会议，提供高放废物地质处置的信息，并与公众、学生交换意见。会议记录和意见反馈在门户网站上公布并提供下载。

日本原子力产业协会在核电厂所在地和电能消费地的意见领袖之间建立互联网意见交流平台，共享准确的信息。同时以共同参与核电设施检查、会议、培训班等形式安排意见领袖们面对面的沟通。

日本原子力产业协会建立核能教育信息子网站，集成日本国内有关能源与核电的政府部门、教育机构、科研机构、民间团体等的网络课堂、科技体验活动、学术期刊论文等资源，并按小学、初中、高中、大学生和研究生资源分门别类，方便学生们获取所需知识与信息。

日本原子力产业协会制作视频，包括本土与海外核电建设的最新进展，国内国际研讨会成果，对各国核技术专家与核安全官员的专访，核事故纪念专题等，并在协会的门户网站播放，其视频通过 YouTube 视频通道向公众传播。

1.3 公众参与

1.3.1 涉核公众参与相关法律法规

日本《原子能基本法》于 1955 年 12 月 19 日（第 186 号文件）制定，内容规定了日本原子能政策的基本方针，该法阐明了立法目的是确保能源供应，并促进核能和平目的的研究、开发与利用。根据这一目的，日本建立了原子能活动管理框架，每个特定的领域都制定了相应的子法。关于核安全管理的相关职责，原子能基本法设立了原子能委员会和核安全委员会。不过，《原子能基本法》中对公众参与未做出明确要求。

日本《环境影响评价法》对公众的知情权和参与权作出了较为明

确、具体的规定。例如，关于范围文件（即关于环境影响的范围报告）的公布、公开复审和意见提交，该法第 7 条规定："为了征求意见，从环境保护的角度出发，关于环境影响评价所需考虑的事项和所要采用的调查、预测和评价方法，根据总理府规定，项目提议者应当公布范围文件已经准备好的事实，可以在范围文件公布之日后的一个月内对范围文件进行公开复审"；第 8 条第 1 款规定："从环境保护的角度出发，如果有人对范围文件有意见，可以在从文件公布之日起到文件调查结束之日后两周的期间内向项目提议者提交其意见。"关于环境影响评价报告（EIS）草案的公告、听证会以及意见提交，该法第 16 条规定项目提议者应当在向有关政府机构或长官提交相关材料后，公告 EIS 草案和其他有关材料，并且自公告之日起，接受公众为期一个月的公开审查；第 17 条规定，在公开审查期间，项目提议者应当在相关地区举行听证会以使公众了解 EIS 草案，并且至少在举行听证会一周前公告其时间、地点，如果项目提议者因法定事由无法举行听证会，应当尽力使公众了解 EIS 草案的内容；凡对 EIS 草案有意见的人，均可以在从草案公布之日起到公开审查结束之日后两周的期间内，以文件的形式向项目提议者提交其意见，等等。

1.3.2 公众参与责任主体和范围

日本涉核目环评公众参与责任主体项目提议者。

在日本，参与环境影响评价的人员具有很强的广泛性。包括相关机关、团体及专家、学者，及普通个人在内的涵盖民间社会各个阶层的所有公众。其中，设施所在地居民是重点包括的对象。

NSC（日本核安全委员会，NRA 的前身）在 2011 年 1 月 12 日发布的《地质安全通信》中提到："此外，《放射性废物处置安全规例相关的许可证发放程序以及核安全委员会在这些活动中的参与（中期报告）》指出：'在向不仅限于NSC成员、特别委员会、顾问团等的专家和知识分子广泛征询意见的同时，为确保业务和安全法规的高度透明操作，下列选项也需要参考：NSC寻求与外部的科学家机构进行合作；或采取措施，通过在NSC下设置一个由民间社会各个阶层组成的会议结构来向公民征询意见等。从这一理念出发，NSC将在今后开展的工作中实践这些选项。'"

公民可向NRA（日本核监管局）提交作为听证会意见陈述者或者普通观众的申请，由NRA进行甄选后公布名单。

1.3.3 公众参与时机

日本《环境影响评价法》中对公众参与环境影响评价的时间强调越早越好，在环境影响评价方法草案、环境影响评价报告书草案阶段就开始进行公众意见征询。

根据NRA（日本核监管局）站内文件搜索的情况，可查找到的核与辐射安全公众参与的介入阶段有：①规范性文件草案制定后；②反应堆选址阶段；③许可证安全审查时；④许可证变更时；⑤核设施建设变更时；⑥新燃料采用前；⑦放射性废物处置及其活动变化时；⑧高放废物处置厂址选择前；⑨核设施重要功能变化时等。

1.3.4 公众参与内容和形式

（1）公众意见征询

包括各类文件、报告公示后公众意见征询，听证会、研讨会、说明会上的公众意见征询等。征询形式包括书面意见征集和会议现场征询等。同时，NRA官方页面上也设置有专门的核安全意见和问题箱。

（2）公众听证会

目前可查找到的听证会主办方包括NRA、日本经济产业省(MITI)、

（县）市政府与电力公司联合主办等；听证会形式除常规听证会外，也有电视听证会。

（3）公众研讨会

NSC 在官方页面中提到其“采取多种方法与公众沟通 ”，其中包括核安全研讨会。

（4）当地居民说明会

科普为主，业主、政府、技术人员深入周边社区，对民众进行科普教育。形式上比听证会要随意一些。

1.3.5 公众参与有效性

《环境影响评价》在对参与者意见的回馈方面较为慎重。对于无论个人还是集体的意见都给予积极的回应，而且不论意见是否被采纳，都被附在最终的环境影响评价报告书中或写在勘误表中。

通过对 NRA 的文件调研显示，核与辐射安全公众意见通过书面征集和会议记录等形式，由意见征询的发起方汇总至相关决策部门，公众意见的汇总结果将作为之后审议和决策的参考。

2 六个所后处理厂建设前的公众沟通

日本为配套发展核燃料循环体系，日本电力企业出资组建的日本核燃料服务公司（JNFS）在 1984 年决定在六个所村建立核燃料循环基地，包括铀浓缩工厂、低放废物贮存库和后处理工厂。在后处理厂的建设前，该后处理厂的建设受到了群众的质疑，在日本电力公司联盟、日本核燃料公司和日本核燃料工业有限公司的公众沟通下，后处理厂顺利地开始了建设。

2.1 选址前措施

在后处理厂厂址定址于青森县六个所村前，曾经建议过几个地方，其中包括长崎县的平田，但是由于当地居民的强烈反对，都没有被选作厂址。六个所村位于青森县小川原地区，在东京北部约 60 千米处，面临太平洋。该地区人口稀少，包括邻近城镇在内，只有 10 万人。该区有一个工业开发区（称为小川原工业开发区），是国家计划建造的一个项目，开发区占地 5 280 公顷，为六个所村总面积的三分之一，但工业设施很少[1]。

在定址六个所村前，JNFS 和县区官员登门造访了至少 3 000 个家庭，力求争取地方群众对核燃料循环设施计划的理解和支持。鉴于当时预期该项目投资约为 40 亿美元，青森县意识到这是一个推动区域发展的机会。1985 年，青森县和六个所村地方政府接受了电力公司联盟的请求，批准了这些设施的建造地点。

2.2 受切尔诺贝利事故影响遭到反核运动

1986 年切尔诺贝利事故之后，受该事故影响，六个所核燃料循环项目及日本的其他几个核设施项目遭到反核运动的大力反对。

1988 年，16 个反核组织（包括工会）针对此项运动成立了一个委员会，收集反对核燃料循环设施的签名。此外，这些组织还起诉了日本核燃料服务公司，要求停止建设浓缩工厂。

1988 年，东京、大阪等大城市的反核组织向青森县的农民散发卡片，上面写着“如果在青森县建造了核燃料设施，我们将拒绝购买你们的农产品，因为这些产品将会受到危险核燃料循环厂的辐射污染”。

这导致焦虑情绪在青森县农民之间蔓延。1988 年 12 月，青森县农民联合会的大会上提出了反对核燃料循环设施的呼吁。

该农民联合会过去一贯支持自由民主党，最后却与社会党结成联盟，共同反对核燃料循环项目。在 1989 年的参议院选举中，社会党和青森县农民联合会支持的反核燃料循环候选人以压倒性优势击败支持核燃料循环项目的自由民主党候选人。在 1989 年 12 月举行的六个所村长选举中，支持核燃料循环项目的候选人也最终落选。

2.3 公共沟通活动[2]

面对青森县激烈的反核燃料循环运动，日本电力公司联盟决定重新加强公众沟通活动，并与日本核燃料公司和日本核燃料工业有限公司成立了一个核燃料联合总办事处。所有电力公司向这一新组织派出了大量优秀的员工，参加六个所核燃料循环设施建设的公众沟通活动。公众沟通活动的目标区域也从周边区域扩大到整个青森县。

公众沟通活动的第一策略是“面对面交流”，即与担心核燃料设施的民众直接进行个人接触。第二个主要策略是“实地考察比口头劝说更有说服力”。在 1992 年六个所后处理厂建设许可证获得批准前，具体采取的公共沟通活动如下。

（1）面对面交流

1991—1992 年两年时间里，接触和拜访青森县各种组织、团体、协会的领导层，曾拜访农民协会 95 次，当地工会 67 次，商会 62 次。

日本政府和核燃料服务有限公司东京总部派出优秀员工，去青森县多个社区向当地民众讲解后处理厂的安全性和必要性，共举行 65 次，派出 2 500 人次。通过这些宣传努力，当地约有 1/12 的成年人受到过宣传教育，民众中赞成建立后处理厂的人数开始多于反对人数。

（2）邀请参观

与当地民众举行现场参观和宣讲，绝大多数是由核燃料有限公司组织在六个所村主办，参会的大多数人参观了展览中心、铀浓缩厂和其他在建设施，共举行 1 938 次，约有 59 636 人参加。

邀请多人前去东海村后处理厂和核电公司的核电厂参观，这些参观活动对民众了解六个所村后处理厂的安全性非常有效。

在 1991 年县议会议员选举之前，已经有超过 100 名当地居民被邀请到法国乏燃料后处理中心进行参观[3]。

在报纸上刊登宣传广告，邀请民众免费参观核燃料有限公司的设施和东海村后处理厂，共组织 117 次，4 364 人次参加。

1991 年 9 月，花费 30 亿日元建成参观中心。参观中心的一些展览模型和实际设备尺寸一样，如同这些设备当时就建在厂内。这些参观中心非常漂亮，以至于成了六个所村的观光中心，约有 14 万人次参加。

（3）提高青森县文化教育水平

邀请外国儿童乐团、著名乐团及其他乐团在青森县举办演出，免费邀请当地民众参加，共举办 5 次，10 360 人次参加。

利用暑假假期，在当地商场的租赁一个楼层，在孩子家长商场购物时，为小孩子们提供娱乐玩具，讲解天然放射性知识，共举行 2 次，27 345 人参加。

（4）强调为当地经济发展所做出的贡献

1）经济投资

当时六个所后处理厂投资费用为 12 500 亿日元①，是新干线高速铁路的 2 倍。在建设期间，后处理厂为当地创收 7 250 亿日元，运行

① 2016 年 8 月宣布已耗资 21 930 亿日元。

期间每年创收250亿日元。近年来日本经济发展速度下滑，而青森县由于该工程的投资发展速度明显加快。

2）税收

由于后处理厂选址在当地，青森县获得460亿日元的政府补贴。此外，在接下来的10年内，还将收到700亿日元的补贴，这以当地法律的形式规定。

3）发展基金

10家电力公司和当地政府提供了100亿日元的发展基金。这些发展基金每年产生的效益用于投资当地民众的公司和协会组织，共投资408次，13亿日元。

4）鼓励其他公司到青森县投资

受到电力公司联盟的鼓励，截至1992年12月，先后有22家公司落地青森县。

2.4 公众沟通活动后的变化

由于电力企业在青森县的活动和自民党在全国内的宣传，以及选举前数千电力公司员工电话拉票助选，1991年2月在青森县议会议员选举中赞成六个所建立后处理厂的议员胜出，这直接决定六个所村能成为后处理厂的厂址。同月，在众议院的候补议员选举中，支持后处理厂建设政见的议员再次胜出。4月，日本社会党和日本共产党领导的反核运动在青森县议会议员选举中失去了9个席位，只剩下1个席位。1992年，在众议院候补议员选举中，反核运动失去最后1个席位。

1992年，日本一家报纸对六个所后处理厂建设的意见作了一次民意调查，显示结果如下：

1989年7月，赞成7%，中立41%，反对41%；

1992年7月，赞成19%，中立43%，反对26%。

2.5 地方政府的公众沟通活动[4]

在日本，涉核项目的建造最初主要由中央政府和电力公司来主导，而地方政府的话语权则相对较弱。因而，地方政府最初对于兴建核设施的积极性不高，这是由于地方政府要花很大的精力来获得民意。后来，日本的产业政策为厂址地区提供了各种措施如提供拨款或补贴，帮助推进核设施的建设。在严峻的经济形势下，日本地方政府一直在想方设法保护自己的财政资源，并逐渐改变对核设施所持态度。地方政府为促进地区发展及保障民众的健康和社会福利，需邀请各行业入驻所在地区，以提高或保护居民的生活水平。

(1) 青森讨论会

针对六个所核燃料循环设施，青森县在1988年建立了“青森讨论会”，目的是为在六个所建造核燃料循环设施一事征求公众意见。日本原子力文化振兴财团（JAERO）地方协作部在青森县召开了88次讨论会（1988—1994年间），努力向当地居民解释建造核设施的必要性、核设施的安全及核设施对地区发展的可预见贡献。

JAERO从首次讨论会开始便以专家组等形式为该项目提供支持。该团队的成员以及科学技术厅（SAT）和国际贸易与工业部（MITI）的官员与居民进行了直接接触，向他们解释规划的核燃料循环设施。辐射或区域发展领域的知名专家向居民提供讲座。企业成员和县区官员也加入到讨论会之中，回答居民提问。

“青森讨论会”在说服公众接受核设施方面起到了重要作用。虽然所有反核组织将青森县视为一个决定性战场，并发生了切尔诺贝利核电站事故，但该核燃料循环设施的建设仍如期进行，目前已投入运行。

(2) 有关人力开发的核研究课程

人力开发项目是直接面向地方政府官员。JAERO 于 1990 年启动该项目，在 1990—1994 年的四年中，JAERO 举办了 23 次课程，共有大约 350 名参与者。

该项目的目的是为地方政府系统培训官员。这些官员的职责是向地方议会起草报告，回答居民提及参与公共宣传活动，因此，课程内容是有关官员职责的有益内容。

课程安排和教材均经过全面审查，以确保课程满足预期目的并明确解释有关核能的热点问题。课程分为两类，即综合课程和专业课程。

综合课程进一步细分为三个级别：初级、中级和高级。学员可根据自己的知识水平学习所有问题。课程内容包括能源供应、全球环境、日本的核能发展、核能安全、辐射影响和管理、放射性废物管理、核灾难预防、区域发展、公共关系。每门课程由一系列密集的讲座，为期 4 天。

另一方面，专业课程将选择一个主题，如严重事故预防措施、钚利用、高放废物管理、核电厂与地区共存等等，为学员提供深厚的知识。

该项目提高了地方政府官员的核相关知识水平，获得了高度评价。

3 六个所后处理厂建设中的公众接受问题

日本六个所后处理厂与 1993 年 4 月在青森县六个所村开设建造，

原计划于2007年11月投入运行。然而，由于技术成熟、核安全监管标准提高等原因，后处理厂的建设遇到了很多困难，至今仍未投入运行。在这个过程中，仍不断有周围居民和环保组织提出关心和质疑，甚至产生抗议活动。

2004年青森县的一项调查显示，86.1%的当地居民对六个所后处理厂表示焦虑。2007年，岩手县（也是受到六个所后处理厂影响的县）的7个地区向国家政府提出申请，希望立法禁止六个所后处理厂向海洋中排放放射性物质。日本消费者联盟的一份调查问卷结果表明，一些日本中央提取的大型超市声明：即使污染是非常小，也不会购买青森县和岩手县的产品。

自2002年以来，绿色和平组织了一项名为"和平之翼——不再是广岛长崎"的活动反对六所村后处理厂，并发起了一项停止该项目的网络活动[5]。

2006年，由Hitomi Kamanaka执导的纪录片《六所村狂想曲》(Rokkasho Rhapsody）公开放映。在六所村居民中，最大的抵抗声音来自参与"六所村狂想曲"的人，其中包括已经大声抗议超过16年的"花草之乡"的主人Keiko Kikukawa，和Tomekochi Sakai，他是前渔民和反核后处理厂运动的核心人物[6]。

日本消费者联盟和596个组织和团体于2008年1月27日在东京市中心参加了反对六所村后处理厂的游行。2008年1月28日，超过810 000个签名被收集并交给政府。抗议者的代表，包括渔业协会、消费者合作社和冲浪者团体，将请愿书交给了内阁办公室和经济，贸易和工业部[7]。

4 结论

乏燃料后处理厂的建设，对于日本和我国，都是完善核工业体系的重要一环。随着公众环保安全意识的提高，公众沟通也越来越成为制约后处理厂建设的重要因素。日本涉核公众沟通政策法规完善、信息公开透明、公众参与形式多样而有效、涉核科普宣传的主体十分广泛，这些都值得我国学习。日本在 20 世纪 80 年代决定在六个所村建造后处理厂，经过近十年公众沟通的努力才使该后处理厂开工建设，在这个过程中经历了切尔诺贝利核事故。日本涉核公司和政府多种形式的信息空开、科普宣传、公众参与，在保证当地利益、提高居民认知水平以及争取当地议员支持等方面做了积极努力，最终后处理厂的建设得到了当地的支持。然而，在后处理厂的后续建设中，反对的声音也会一直存在，公众沟通也只能是持续不断的进行。日本相对完善的涉核公众沟通体系，以及后处理厂的公众沟通经验，都值得我国借鉴。

参考文献

[1] 黄钟译，虞贻良校．日本建立新的核燃料循环中心——六个所村核燃料循环中心［J］．国外核新闻，1984（7）：16.

[2] Yasunori Ushida. Public Acceptance Activities by the Rokkasho Project［C］. International workshop on nuclear public information in practice. Belgium. 1993：89-94.

[3] https：//www. csmonitor. com/1991/0201/onuke. html.

[4] Nobuyuki FUJII. Japan's Nuclear PA Activities in local governments [R]. Japan Atomic Energy Relations Organization. 1995.

[5] https://en.wikipedia.org/wiki/Rokkasho_Reprocessing_Plant#cite_note-18.

[6] http://www.rokkasho-rhapsody.com/trailers.htm.

[7] http://www.nishoren.org/en/?p=35.

英国乏燃料和放射性废物监管体系研究

中国核科技信息与经济研究院核科技信息研究所
赵　远　陈思喆

摘　要：世界上大多数发展核电的国家针对乏燃料的管理都建立了相关法律法规体系，制定了管理制度和政策，设立了相应管理机构。近几年来，按照“三分离”原则，明确地划分立法、审管和执行功能的趋势更加明显。同样地，各国在设立分离的、独立的监督实体，以及独立的经费管理机构的迹象亦更加明显。因此，本研究将通过对英国乏燃料及放射性废物监管体系进行梳理和分析，研究其在乏燃料后处理的法律法规、监管组织机构及职能等内容，为我国相关管理部门提供参考，助力我国乏燃料及放射性废物管理工作。

关键词：英国；乏燃料；放射性废物；监管体系

1　监管体系、监管机构和技术支持机构介绍

1.1　监管体系概述

英国的立法和监管框架有两条主线。

第一条线是乏燃料和放射性废物管理的核安全和辐射防护方面，来自于《工作健康和安全法》（HSWA74）有关的立法和条例。第二条线是关于环境保护，来自于《放射性物质法》（RSA93）以及相关的立法。

在英国，乏燃料和放射性废物管理的监管体系涉及以下几个机构：

1）负责核设施场址许可的健康和安全执行局（HSE）；

2）负责英格兰和威尔士环境保护和改善的环境局（EA）；

3）负责苏格兰环境保护和改善的苏格兰环境保护局（SEPA）；

4）负责北爱尔兰环境保护和改善的北爱尔兰环境和遗产服务局（EHS）。

1.2 机构简介及动态

1.2.1 监管机构简介及动态

（1）健康和安全执行局（HSE）

健康和安全执行局（HSE）是英国负责健康和安全监管的部门，其工作接受健康与安全委员会的监督。

根据HSWA74，成立了健康和安全委员会（HSC）和健康和安全执行局（HSE）两个组织。在2008年，健康和安全执行局和健康和安全执行局合并，仍以HSE命名。HSWA74授权HSE指定监察员并履行其监察职责。在英格兰和威尔士监察员有一系列权利包括进入权、调查权和起诉权。

HSE负责执行生产健康安全的立法，特别是对于运营的核场址许可证中的相关的核设施。在HSE内部，管理核工业的责任委派给了核理事会（Nuclear Directorate，ND），主要目标是确保被监管对象不发生重大核事故。2007 年 4 月 2 日起，民用核安保办公室的活动、工商企业和监管改革部所属运行核保障工作也转入核理事会之中。因此，核理事会将核安全、核保障与民用核保安的监管集于一身，其业务范围涵盖核电站、核化工厂、退役、国防设施、核安全研究与战略，但不包括潜艇用反应堆与核设备的设计，主要业务活动包括评价、检查与执法、许可、标准化与建议、研究[1]。

（2）核监管办公室（ONR）

2011 年 2 月，英国政府宣布打算提出立法，设立一个新的、独立的核监管机构——核监管办公室（ONR）。2011 年 4 月 1 日，核监管办公室作为 HSE 的一个机构成立，并将作为英国核工业的具体部门监管机构而发挥作用。在正式立法颁布之前，核监管办公室将作为 HSE 的一个机构运作。2013 年，英国《能源法》（the Energy Act 2013，TEA 13）出台并生效，根据 TEA 13 第三部分，核监管办公室于 2014 年 4 月 1 日以法定公营公司的身份正式开始运转，作为一个独立的监管机构，负责依法履行监管职能，并以提供组织责任及权力框架为职责。同时，核监管办公室承担了 HSE 核工业局及运输部放射性材料运输小组以前履行的相关职能[2-3]，该运输小组以前负责通过公路、铁路或内陆水道运输放射性材料，从而将民用核工业及放射性材料运输安全和安保条例合并在一起。

核监管办公室的职能包括以下几个方面：核安全监管；民用放射性材料和废物运输；核安全；监督英国履行国际保障措施承诺。

（3）环境局（EA）

在英格兰和威尔士，环境局（EA）是主要的环境监管部门，负责许可核设施（包括核设施退役）排放和废物处置监管，苏格兰的相应部门为苏格兰环保局。

环境局成立于1996年，目前该局有大约有1 300名职员，董事会由15名成员组成，包括主席和首席执行官，就其在威尔士的业务、环境局的组织和业绩等向政府部长和威尔士政府部长负责，所有成员均由环境、粮食和农村事务部国务秘书任命，但威尔士的一名理事会成员除外，将由工作组任命。环境局董事会将日常管理工作委托给其行政首长及工作人员。

就其大多数工作而言，其工作区域可划分为7个地理区域。在每个区域，有三个法定委员会（区域内渔业、生态和娱乐咨询委员会；区域防汛委员会；区域环境保护咨询委员会）就其职能的运作情况、值得关注的区域问题和国家政策建议对区域的影响等事项向环境局提供咨询意见。与此同时，威尔士还设有一个咨询委员会。

环境局在英国北方和南方分别设立了两个专家组，负责对核工业放射性废物的处置进行监管。这些专家组将对核许可场址内外的液体和气体废物的排放以及固体放射性废物的处置进行管制。北方专家组同时设立了两个评估小组。评估小组将在固体废物处置和潜在新核反应堆的一般性设计方面提供技术性支持。同样，南方专家组设立了一个评估小组，在辐射事件管理方面提供技术性支持。

放射性物质管理小组在环境局国家办事处内开展工作，领导制定和实施监管程序，包括制定监管指南。还有一个国家小组负责检查、监测和评估对环境的排放。

环境局和食品标准局密切联络，以确保其在英格兰和威尔士的环境监测方案是符合规定的。英国环境监测方案的年度结果由环境机构和食品标准局在年度RIFE报告8中联合公布。最新结果来自EA公布的环境监测方案。

(4) 苏格兰环保局（SEPA），以及北爱尔兰环境和遗产服务局（EHS）

苏格兰环保局（SEPA）与环境局具有相同的责任，该部门成立于 1995 年，目前拥有大约 1 000 名职员。环境局相关监管部门对英格兰和威尔士的许可核设施放射性废物处置进行授权，苏格兰环保局监管部门负责苏格兰地区的授权。通过政府发布指令以及将管理权限转移到环境部门，许多环境机构现有的管理实践具有法律约束力。在北爱尔兰环境和遗产服务局（EHS）同样具有上述职责。

HSE 与环境局、苏格兰环保局存在监管上的交叉，对退役的监管需要相互之间的协调。《核设施法》也要求 HSE 就放射性废物管理的事项咨询环境局及苏格兰环保局[4]。为确保监管活动全面、协调、一致，避免出现监管要求冲突的情况，同时尽可能减少重复监管，以取得公众对监管体系的信任，双方于 2001 年 8 月 8 日签署了一份意向声明[5]，阐明了相互之间的原则性工作关系。两者之间的工作框架及协作关系，以谅解备忘录的形式予以确立。该备忘录定期复审，经双方同意后修订。2002 年 3 月和 4 月，HSE 与苏格兰环保局、环境局分别修订并重新签署了谅解备忘录[6,7]，以表格的形式明确了双方在监管中的主、次责任之分，以及对相互协作的考虑。

（5）国防核安全监管当局（DNSR）

国防核安全监管当局[4,8-10]是英国国防部内部负责国防核计划的核与辐射安全的监管机构，由核动力与核武器的监管两部分组成，共有约 20 名成员。它负责监管政策的制定、并确保其贯彻与落实，评价与技术支持工作委托 Serco 公司（核安全）和国防科技实验室（辐射安全）开展。

它的监管重点是 HSE 监管范围外的国防核计划，包括核动力舰船、武器的设计与部署等，通过国防核、环境和安全委员会向国防部长负责。该委员会与 HSE、环境局、苏格兰环保局、运输部以及英国国防部内的类似监管机构保持着十分密切的工作关系。

主要的监管活动包括制定监管要求、开展检查活动、审查安全文件、对核活动进行授权、对应急安排进行评价[10]。监管要求包括安全原则、安全准则和授权条款三个层次。

（6）环境监管机构

环境署是一个非部门公共机构（NDPB）。委员会直接向政府各个部长负责组织和绩效的所有方面。环境署通过部长向议会负责，其委员会有9名非执行成员，由环境、食品与农村事务部长任命。

环境署的监管团队中的许多人都在地理区域的基础上组织起来（整个英格兰的14个区域）。但是，特许核场址的监管由国家核监管工作组实施，该工作组分为英格兰北部的多个小组以及英格兰南部的多个小组。负责处理非核场址放射性物质许可证的监管小组在泛区域的基础上运行，通过单一区域管理结构报告工作。有关放射性物质许可证的决策被委托给区域小组经理以及核监管工作组，适当时由法律部门以及总部的放射性物质和装置监管部门支持。

1.2.2 监管机构的独立性

核监管办公室作为监管机构的独立性在TEA13下得到了强化，因为它直接负责执行以NIA65下许可的现场为重点的核安全监管体系。同样，环境监管机构负责在英格兰和威尔士按照EPR16提供环保监管体系，在苏格兰和北爱尔兰按照RSA93提供环保监管体系。HSE负责NIA65下未许可的现场的防辐射监管。

商业、能源与工业战略部长向议会负责大不列颠的核安全。核监管办公室能够就核安全监管事务向该部长提供事实信息，但是该部长不对核监管办公室的核监管行动负责。该部长可以就核监管办公室的职责履行作出指示，可以修改核监管办公室的职责，但是（除国家安全事务外）不能影响特定情况下的监管职能的履行。

环境署受到独立委员会管辖，该委员会向环境、食品与农村事务部长负责。委员会将日常管理责任委托给环境署的行政长官。委员会在环境署的日常监管决策和政府之间提供必要的分离。环境署独立于所监管的企业，而且不参与推广核技术，也不对放射性废物处置或乏燃料管理设施的开发或运行负责。

威尔士自然资源局对威尔士部长任命的独立委员会负责。该组织的日常管理委托给威尔士自然资源局的行政长官。威尔士自然资源局独立于所监管的企业，而且不参与推广核技术，也不对放射性废物处置或乏燃料管理设施的开发或运行负责。

苏格兰环保局是EA95第20条下建立的非部门公共机构。该局独立于苏格兰政府，但是通过苏格兰部长向苏格兰议会负责。该局设有向苏格兰部长负责的委员会。组织的日常管理委托给委员会行政长官。作为苏格兰的环境监管机构，苏格兰环保局不参与核能或放射性材料的推广或利用，包括发电和放射性同位素应用，也不参与乏燃料和放射性废物管理设施的运行。

北爱尔兰环境署是农业、环境与农村事务部（DAERA）内的行政机构，领导和实施北爱尔兰政府的环境政策和战略，包括放射性废物管理。按照RSA93（NI），首席检查员负责实施北爱尔兰的监管制度。首席检查员由环境部任命，环境部不参与核技术推广。

1.2.3 技术支持机构简介及动态

（1）卫生防护处

卫生防护处（HPA）依照《卫生防护处条例（2004年）》建立于2005年4月1日，是一个卫生防护处非部级公共机构。它取代了HPA特设的卫生当局和国家辐射防护委员会（NRPB），其卫生防护职责范围括辐射防护和化学危害防护。

HPA的辐射防护部（RPD）取代了之前NRPB的角色。其法定职责包括：促进辐射危害防护知识的获取；提供保护公众免遭辐射危害的信息和建议；提供国际辐射防护委员会的推荐在英国实施的建议。另外，也向涉及辐射危害的人员提供技术服务。

（2）放射性废物管理委员会

放射性废物管理委员会（CoRWM）于2007年重组，对放射性废物的长期管理进行独立监察，并向政府官员提供建议。它的主要任务是独立监察政府和核退役当局（NDA）关于将地质处置与完备的临时贮存一起作为英国高活度废物的长期管理方案所做的建议、计划和规划。

（3）电离辐射卫生与安全论坛

电离辐射卫生与安全论坛的创立是为了考虑所有HSE职责范围相关的电离辐射的防护问题。该论坛由许多机构组成，包括工业和工会代表、地方当局、政府部门以及专业机构。它的工作包括考虑工作人员和其他因工作活动接触电离辐射的人员的防护标准，监视法律的效力以及跟踪技术的发展。

（4）环境放射医疗委员会

环境放射医疗委员会（COMARE）就环境中天然和人工放射性的健康效应对卫生部和代表苏格兰官员的苏格兰政府卫生处提供帮助和建议，并评估现有数据的充分性和进一步研究的需要。

2 监管法规框架

2.1 现行法规框架及动态

英国乏燃料管理和放射性废物管理的法律框架（如图1所示）由

国家法律、条例、执行导则构成。

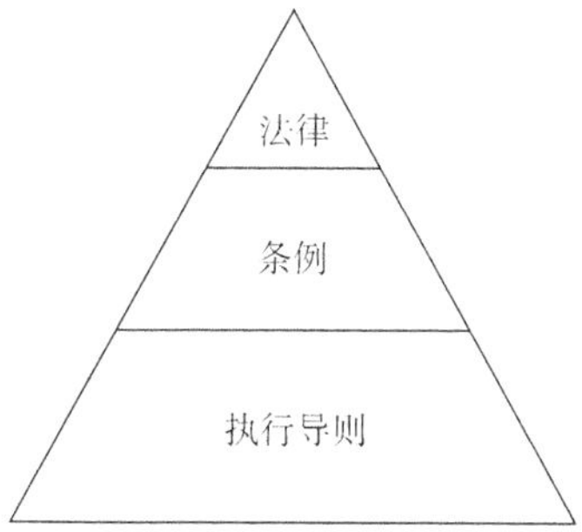

图 1　英国放射性废物管理法律框架

（1）法律

英国现有的适用于乏燃料管理安全和放射性废物管理安全领域的国家法律介绍如下。

《核设施法（1965）》（NIA65）规定，只有在取得 HSE 颁发的许可证后，核设施才能建造并运行。只有法人机构，如注册公司或公共团体，才能持有许可证；此许可证是不可转移的。这部法律考虑了法律认可的许可证的附加条款规定条件，以便放射性废物管理和安全。

《职业健康安全法（1974）》（HSWA74）规定，业主有责任采用尽可能合理实用的方法保证雇佣职业健康安全，也要保证受影响人员的健康安全。

《放射性物质法》（RSA93）规定，放射性废物处理需要提前授权，还规定放射性废物保存和使用应进行登记，放射性废物产生应得到授权。

《能源法》（2004 年）对 RSA93 做出修订，规定允许有许可证的核设施可以在和法定顾问商议后转移授权，避免了重新申请 RSA93 规定的授权，避免放射性废物法律与其他环境法律之间的冲突。

RSA93 不适用于核设施许可证持有者放射性废物的保存和使用，也不适用于核设施中放射性废物的产生。

《城乡计划法（1990）》规定，针对由未经授权的开发引起的对福利设施造成的危害，或其他公认的重要方面造成的危害，由规划部门决定采取强制措施或适用于特定情况的最佳行动。当执行通知书生效后，或者在停止通知书已经被提交后的任何时候，不执行通知书的要求或违背通知书的禁令属于刑事违法行为。

《环境法》(1995 年版)（EA95）是环境保护法律框架的基础。它规定环境机构和 SEPA 作为调解员，还制定了他们的资金安排制度。EA95 还规定了环境机构和 SEPA 职责交接和转移，职责包括放射性物质管理的权力和义务。

《环境许可证规章》（EPR10）2010 年 4 月在英格兰和威尔士生效。EPR10 替代了 RSA93，但是除了增加地质管理设施分级管理新权限的规定外，在放射性废物范围和性质方面没有任何重要变化。EPR10 规定，放射性废物包括核设施产生的废物处理需要提前授权；还规定放射性废物使用和保存方（除核设施许可证持有者外）和放射性废物产生方也要持有环境许可证。EPR10 包括放射性物质规章和其他常规规章制度如固体废物处置规章制度，向地表水和地下水排放流出物规章制度。

《环境保护法》(1990 年版）规定了污染土地管理制度，这项制度为污染土地的鉴定和修整提供了框架，并规定污染土地即在当前使用过程中会产生不可接受危害的土地。这项制度也适用于过去实践工作产生的放射性污染，或者放射性应急的后续影响，还适用于含有人工放射性核素和天然放射性核素的物质。

（2）法规

《核设施规章》(1971 年版）规定了乏燃料和放射性废物管理设施

应办理核设施许可证。这些设施包括用于以下用途的设施：放射性核电燃料的处理，除了核电燃料化学化验、核素分析和相态分析的单独取样处理；放射性核电燃料和燃料生产过程中产生的大量放射性物质的贮存，除了核电燃料化学化验、核素分析和相态分析而需要进行的贮存。

《电离辐射条例（1999）》（IRR99）规定了在许可场址或其他场址，保护所有工作人员和公众免受电离辐射危害的要求。IRR99 执行欧共体关于辐射防护基本安全标准的要求，以及欧洲原子能令的关于涉及电离辐射防护作业的工作人员在控制内作业时的防护规定。

《涉及电离辐射实践的正当性条例（2004）》于 2004 年 8 月生效，这些条例包含了实践活动影响的新的重要依据，便于判断新实践的正当性、评审现有实践。

《辐射（应急准备和公众信息）条例》制定了辐照应急干预条款，也规定了应急时告知公众应采取的健康保护措施。

《高活度密封源条例》（2005 年版）规定了高活度密封源实践授权的监管框架。根据条例，在颁发授权前，承担方必须保证采取了充分的准备保证源的管理安全。后期安排需要保证废旧放射源顺利从使用者转到许可的贮存设施中。另外，还必须制定财务规定，内容包括废旧放射源安全管理费用，持有人破产或停业的不可预测事件。

《职业安全管理条例》（1999 年版）规定了对业主的要求，因而核电厂许可证需要包括：评估实践的健康和安全风险；制定、实施并编写合理的健康和安全管理制度；确保给员工提供合理的健康监督；委托足够数量的合格人员协助他们遵守健康和安全立法；针对严重的或即将发生危险建立和实施应遵循的程序。

《健康安全（费）条例》每年都有更新，规定了所有建议评估的核设施的收费标准。

英国修订了 EPA90，改名为《放射性土地污染条例》（英国）（2007 修订版）。它适用于核设施的放射性废物。威尔士和苏格兰有类似的修订。北爱尔兰也实施类似的规定。

《核反应堆（退役环境影响评价）条例》（2006 年版）执行核设施退役和核反应堆退役环境影响评价要求，这些要求由议会指令 85/337/Euratom 提出。评价范围包括某些公共和私营活动对环境造成的影响。在退役或拆除核电厂或核反应堆之前，许可证持有者必须征得 ONR 同意，进行环境影响评价并提供环境影响报告。与此同时，许可证持有者必须对正在退役核设施的后续影响进行环境影响评价，对可能造成的重大环境影响进行评价。

2.2 相关法律、法规和规范的变化

（1）英国脱欧

2016 年 6 月 23 日，英国全民公投大多数投票赞成脱欧。退出《欧洲原子能条约》将导致英国在多个领域作出新的安排，比如国家核材料会计和控制体系以及其他可能影响联合公约多个方面的其他领域。这些安排正处于初期开发阶段。

（2）实施地质处置

2014 年白皮书《实施地质处置》列出了实施地质处置的总体政策框架。该文件确定了英国政府和预期交付组织“放射性废物管理有限公司”（RWM）将要领导的初步行动，以支持基于社区参与意愿的选址过程。

英国政府在 2014 年白皮书《实施地质处置》中重申，政府希望采取自愿合作的方式来为地质处置设施选取适当的场址。初步行动由英国政府以及放射性废物管理公司（RAW）领导。这些初步行动包

括：国家地质筛查；土地利用规划[11-12]；与社会合作等。英国将继续推进行动，在完成后启动修订的选址流程。

地质处置设施的开发显然是英格兰和威尔士的长期高放废物管理战略的重要组成部分。临时贮存为高放废物提供了临时和安全的环境，直到建立地质处置设施，但是临时贮存不是长期解决方案。

白皮书《实施地质处置》还表明，规划的地质处置设施将是《1965 年核装置法》（NIA65）[13]下的特许核场址，因此将受到核监管办公室的监管。该办公室评估当前标准许可证条件和指南对于潜在被许可人以及具体地质处置设施项目的适用性。事实表明，许可证条件是充分的，只需要作出非常次要的修正。核监管办公室认为地质处置设施的许可需要进一步指导；地质处置设施附录将包含在《核装置许可指南》的下一个修订版中，将通过起草新的技术评估指南来提供额外指南，该指南与地质处置设施的安全状况评估有关。

2017 年，放射性废物管理公司向核监管办公室和环境署提交了《2011 年一般处置系统安全状况报告的更新文件。该报告包括一般环境、运行和运输安全状况，考虑了各种潜在地质环境和处置设施设计方案。RMW 在该阶段希望核监管办公室和环境署审议未来许可证申请文件的当前适合性。

（3）更高活性废物（HAW）处置政策

放射性废物管理政策的一些方面委托给了苏格兰、威尔士和北爱尔兰的政府。威尔士和苏格兰政府自上一次联合公约报告以来进一步制定了放射性废物处置政策和战略。

2016 年 12 月，苏格兰政府发布了支持政策实施的战略[14]，支持苏格兰于 2011 年颁布的更高活性废物政策[15]。政策表明，应该在近地表设施中长期管理更高活性废物。设施应该尽可能靠近产生废物的现场。

2008年白皮书[16]发布后，威尔士政府保留了地质处置方面的立场。2014年，威尔士政府就是否应该评审该政策征求意见[17]。在评审了征求的意见并且随后进行了公共协商后，威尔士政府于2015年颁布了新的更高活性废物管理和处置政策[18]。

2014年，威尔士政府就是否应该评审该政策征求意见。在评审了征求的意见并且随后进行了公共协商后，威尔士政府于2015年颁布了新的高水平放射性废物管理和处置政策，该政策的依据是潜在主办社区的自愿参与原则，与英格兰的政策依据相似。

（4）固体低水平放射性废物（LLW）管理政策和战略的实施

《英国核工业固体低放废物（LLW）管理战略》于2010年颁布，2014—2015年核退役管理局代表政府审核了该战略，并于2016年2月颁布[19]。战略提供了总体框架，指导低放废物管理决策者灵活处理，以确保安全、环保和经济的管理解决方案。

英国的低放废物管理战略的核心是在低放废物管理中实施废物分级结构，该结构为英国的低放废物管理能力提供了保障。英国政府鼓励放射性废物的所有产生者运用更广泛的低水平放射性废物管理方案，而不是仅仅局限于处置。

英国的唯一全国性低性废物处置设施是LLWR（由LLWR公司经营）。如今，LLWR公司处置的废物被放入联运金属集装箱（ISO）中。通过灌浆将集装箱中的空隙最小化，集装箱然后置于工程化的混凝土衬层近地表拱顶。LLWR公司还直接或通过框架协议提供各种废物管理服务，包括：金属废物处理；可燃废物处理；密集压实；极低放废物处置；包装过程；废物表征服务；运输服务；备用处理服务；专家支持服务；低放废物处置。

这些服务的提供使得2016—2017年期间从LLWR转移了88%的低放废物/极低放废物（大约13 500立方米），而且还成功用于管理问题材料，比如污染油。

2016年英国放射性废物清单表明，2016年4月1日，英国境内未处置的低放废物的总量大约为30 100立方米。其中大多数都处于临时仓库，等待回收利用或处置。

其他废物用于表征、加工和/或再包装，然后决定是否需要将废物运输给LLWR。一旦发运，这些废物可能贮存在LLWR公司，在9号保险库中等待处置，或者由该公司通过框架协议聘用的专业机构进行处理。

少量低放废物不适合发运给LLWR或者填埋场进行处置，因为这些废物不符合LLWR的验收标准，该标准结合了非放射性属性限值及放射性属性限值。其中一些废物是可以焚烧的油。一些废物需要开发新的处理技术才能够达到LLWR的验收标准，或者需要作为高放废物进行管理（作为最后手段）。

（5）可燃低水平放射性废物处理

在英国，焚烧是一种成熟的废物处理技术，多年来用于处理适当的低放废物。焚烧工艺通常通过燃烧可燃固体和液体废物将废物体积缩小最高达98%，分解反应性化合物和有机物以产生稳定的同质废物形式（灰烬）进行处置。

环境署目前批准了多个商业焚化炉，这些焚化炉可用于英国的核工业，此外还有分别位于瑞典和美国的一处设施。这些设施在处理的废物的数量、放射性类型和物理性质方面存在显著差异。

（6）退役和清理的最后阶段中的核设施监管

2016年11月，英国政府的商业、能源与工业战略部（BEIS）发布了关于改进当前安排的机会的讨论文件，适用于英国核场址退役和清理最终阶段的监管。文件考虑了BEIS、安全和环境监管机构以及核退役管理局提出的建议，旨在改进退役和清理最终阶段的核场址监管，提高监管效率。

（7）核退役管理局2016—2021年战略

核退役管理局必须每隔5年审核和发布其战略。在一次公共协商后，2016年发布了核退役管理局第三次战略（2016年4月至2021年3月31日）[20]。

核退役管理局战略包括五个战略主题：现场退役和修复；乏燃料管理；核材料；综合废物管理；综合废物管理战略和计划的进展。核退役管理局负责17个民用特许核设施的放射性废物和乏燃料的有效管理，这些现场占到英国核责任的大部分。

核退役管理局管辖的所有场址都制定了综合废物管理战略，详述了如何在运行和退役期间管理所有废物。监管机构认为这是一次良好实践，所以，核退役管理局管辖范围外的许多现场也采用该指南来制定综合废物管理战略。2016年战略中，核退役管理局承诺对其所有现场制定统一的放射性废物管理战略，目的是明确战略需求以及提高放射性废物管理优化机会。

参考文献

[1] HSE. NSD Strategic Plan 2004-2010. 2004. http://www.hse.gov.uk/nuclear/stratplan0410.pdf.

[2] HSE. Guidance for Inspectors on Decommissioning on Nuclear Licensed Sites. 2001，http://www.hse.gov.uk/nuclear/decomm1.pdf.

[3] HSE. Technical Assessment Guide：Decommissioning on Nuclear Licensed Sites. T AST 026，2001，http://www.hse.gov.uk/foi/internalops/nsd/tech-asst-guides/tast026.pdf.

[4] Gray R C. Regulatory of Weapons and Naval Programme Activity , G/INS/004. 2007, http: //www. hse. gov. uk/foi/internalops/nsd/inspection/gins004. pdf.

[5] HSE/EA. The Working Relationship between HSE and EA on Nuclear Safety and Environmental Regulatory Issues: A Statement of Intent. 2001, http: //www. hse. gov. uk/nuclear/sofi. pdf.

[6] HSE/EA. MOU between HSE and EA on Matters of Mutual Concern at Nuclear Sites Licensed by HSE in England and Wales. 2002, http: //www. hse. gov. uk/nuclear/nucmou. pdf.

[7] HSE/SEPA. MOU between HSE and SEPA on Matters of Mutual Concern at Nuclear Sites Licensed by HSE in Scotland. 2002, http: //www. hse. gov. uk/aboutus/framework/mou/sepa-nuclear. pdf.

[8] HSE. NII Regulation of Non-Licensed Naval Nuclear Sites. G/INS/005, 2007 , http: //www. hse. gov. uk/foi/internalops/nsd/inspection/gins005issue1. pdf.

[9] Hill M. The UK Regulatory Framework for Decommissioning and the Management of Decommissioning Wastes (Draft 2. 0-First full draft): Information Paper for the SD: SPUR Learning Network. 2007 , http : //www. ciria. org/sdspur/pdf/regs-framework-paper-first-full-draft . pdf.

[10] McFarlane A L. The Nuclear Regulatory Challenge . 2005, http: //www. hvrcsl. co. uk/esas2005/Papers/03% 20-% 20-Nuclear% 20Regulatory% 20Challenge%20Issue%201. pdf.

[11] "Planning Act 2008," 2008/29, https: //www. legislation. gov. uk/ukpga/2008/29/contents.

[12] "The Infrastructure Planning (Radioactive Waste Geological Disposal Facilities) Order 2015," 2015/949, https: //www. legislation. gov. uk/uksi/2015/949/contents/made.

[13] "Nuclear Installations Act 1965," 1965/57, https: //www. legislation. gov. uk/ukpga/1965/57/contents.

[14] Scottish Government, "Implementation strategy for Scotland's policy on

higher activity radioctive waste,” ISBN 978-1-78652-704-2, December 2016, http: //www. gov. scot/Resource/0051/00511782. pdf.

[15] Scottish Government, “Scotland's Higher Activity Radioactive Waste Policy,” ISBN 978-0-7559-9892-0, January 2011, http: //www. gov. scot/Resource/Doc/338695/0111419. pdf.

[16] The UK and Welsh Governments, “Managing radioactive waste safely - A Framework for Implementing Geological Disposal,” Cm 7386, June 2008, https: //www. gov. uk/government/uploads/system/uploads/attachment _ data/file/68927/7386. pdf.

[17] Welsh Government, “Call for Evidence: Review of Current Policy on the Disposal of higher Activity Radioactive Waste,” April 2014, http: // gov. wales/docs/desh/consultation/140429radioactive-waste-disposal-review-en. pdf.

[18] Welsh Government, “Policy on the management and disposal for higher activity radioactive waste,” December 2015, http: //gov. wales/topics/environmentcountryside/epq/chemicalsradioactivity/radioactivity/radioactive-wastemanagement/? lang=enand.

[19] DECC and Devolved Administrations, “UK Strategy for the Management of Solid Low-level Waste from the Nuclear Industry,” URN 15D/472, February 2016, https: //www. gov. uk/government/uploads/system/uploads/attachment _ data/file/497114/NI _ LLW _ Strategy _ Final. pdf.

[20] NDA, “Strategy,” ISBN 978-1-4741-3043-1, March 2016, https: // www. gov. uk/government/uploads/system/uploads/attachment _ data/file/512836/Nuclear _ Decommissioning _ Authority _ Strategy _ effective _ from _ April _ 2016. pdf.

英国新核电项目前景浅析

中国核科技信息与经济研究院核科技信息研究所　王　树

摘　要：本文对英国欣克利角、威尔法和穆尔赛德等新核电项目的进展与前景进行了详细介绍，并对比了已成功开工建设的项目与已暂停或终止项目的开发进程，得出结论，即融资模式及经济性对新核电项目的顺利推进至关重要。

关键词：英国；新核电；融资模式；经济性

根据世界核协会（WNA）的数据，截至 2019 年年初，英国拥有 15 台在运核电机组，总装机容量 8.9 GWe。2017 年核发电量占总发电量的 20%，提供超过 40%的低碳电力，是英国最大的单一低碳电力来源。但是，现有核电机组老旧，在 15 台在运机组中，除了 1 台装机容量为 1.2 GWe 的压水堆机组，另外 14 台机组均将在 2030 年之前关闭。此外，为了应对气候变化，英国已承诺在 2025 年之前关闭所有煤电厂。

英国政府认为，到 2025 年将需要净增加 60 GWe 的电力装机容量，其中 35 GWe 来自可再生能源（根据欧盟 2009 年可再生能源指令，这些可再生能源将优先接入电网）。《国家核电政策声明》草案规定，预计另外 25 GWe 中的大部分将来自于核电，但是政府未给核电装机容量的增加设定一个固定目标。多位政府部长均一致表示，到2025年应当建设16 GWe的核电装机容量，但这一目标的实现日期已延后至2030年。

由于市场前景良好，且有政府支持，先后有4家企业提议或计划推进6个大型商业核电建设项目。如果这6个项目全部建成，英国将新增13台核电机组，新增装机容量18 GWe。遗憾的是，受到多种因素的影响，目前仅有法电能源公司的欣克利角C项目启动了首台机组建设。1个项目已被放弃，2个项目已经暂停，塞兹韦尔C项目以及布拉德韦尔B项目正在推进过程中。

1　已经启动建设的欣克利角C项目

欣克利角C项目由法国电力公司（EDF，以下简称法电）的英国子公司法电能源公司（EDF Energy）负责建设。法电能源2018年12月宣布，欣克利角C核电厂1号机组反应堆厂房基底已完成首罐混凝土的浇筑，意味着该机组已正式启动建设。该机组因此成为英国在21世纪正式启动建设的首台核电机组。除了欣克利角C项目，法电能源公司还拥有并运营着英国全部15台在运核电机组。

早在2008年，法电能源公司就计划在欣克利角C建设了2台EPR机组。2012年12月，EPR通过英国的通用设计评估（GDA）。根据英国核电监管部门2006年出台的规定，所有在英国进行建设的核电站所采用的技术必须通过通用设计评估。2013年3月，法电能源公司获得了关于欣克利角C项目的3个来自环境机构的批准、核厂址许可证和发展规划许可。

2013年10月，英国政府宣布与法电就总额达160亿英镑的欣克利角C核电站投资合同的关键条款达成一致意见。关键条款包括长达

35 年的差价合约（CfD）。法电表示，这一原则协议不具有法律约束力，并需要获得欧盟委员会的同意（判断是否构成国家援助）。只有在获得欧盟委员会的同意之后，法电才会做出有关该项目的最终决定。一年后，欧盟委员会批准法电与英国政府的一系列协议，认定英国对于该项目建设和运营的支持计划符合欧盟国家援助规定。

2015 年 10 月，法电与中国广核集团（CGN，以下简称“中广核”）签署了一项战略投资协议。根据投资协议，法电及中广核主导的中方联合体将分别持有欣克利角 C 项目 66.5%及 33.5%的股份。在保持控股 50%以上的情况下，法电有意引入其他投资者进入该项目。中广核将通过其在英国的合资公司——通用核能系统公司（GNS）对此项目进行投资。

2016 年 7 月，法电董事会正式作出欣克利角 C 核电建设项目投资决定，批准在欣克利角建设两台 EPR 机组。但仅在数小时之后，英国政府宣布需要对该项目进行重新评审，从而使该项目的实施再次被推迟。两个月之后，英国政府宣布就该项目与法电签署一份修订后的原则性协议。在同意双方 2013 年 10 月商定的差价合约继续有效的同时，英国政府还增加了一项规定，确保相关项目的大量股权未经英国政府同意不能出售。

2016 年 9 月，法电与英国政府正式签署欣克利角 C 核电项目收入（即差价合约）及投资保障等政府性协议，与中广核同步签署英国新建核电项目一揽子合作协议，并完成相关公司的股权交割，这意味着欣克利角 C 项目已经完成所有必须的审批和商务流程，将实质性地启动。

2 其他拟建项目

除了2018年年末启动建设的欣克利角C项目，塞兹韦尔C项目及布拉德韦尔B项目仍处于推进过程中，而威尔法项目和奥德伯里项目已经暂停，穆尔赛德项目已经终止。塞兹韦尔C项目拟采用的EPR技术于2012年12月通过通用设计评估，穆尔赛德项目拟采用的AP1000技术于2017年3月通过评估，威尔法和奥德伯里项目拟采用的ABWR技术于2017年12月通过评估，而布拉德韦尔B项目拟采用的“华龙一号”技术的通用设计评估正在进行中。

2.1 推进中的塞兹韦尔C项目

法电能源公司计划在萨福克郡的塞兹韦尔C厂址建设另外两台EPR机组。2015年10月，法电与中广核就塞兹韦尔C项目最终投资协议的主要条款达成一致。在项目开发阶段，法电将认购80%的股份，中广核将认购20%的股份。

2018年10法电能源公司首席执行官西莫内·罗西在英国能源协会年会上表示，法电能源公司将于2019年1月与相关干系人就该项目进行第三轮也是最后一轮磋商，法电能源公司于2020年年初提交规划申请，为在2021年正式启动建设铺平道路。

2.2 推进中的布拉德韦尔B项目

中广核的英国合资公司通用核能系统计划在布拉德韦尔B厂址建设两台“华龙一号”机组，总装机容量2.3 GWe，以中广核广西防城港核电厂3、4号机组为参考电厂。布拉德韦尔位于埃塞克斯，靠近伦敦，曾是镁诺克斯（Magnox）型核反应堆厂址所在地，其中两台机组均于2002年关闭。在战略选址评估过程中，在2011年被批准可以新建反应堆。

2015年10月，法电与中广核签署战略投资协议，就“华龙一号”通过英国通用设计评估、满足英国的核能监管要求的主要事项达成一致。根据投资协议，中广核与法电设立合资公司通用核能系统，推进“华龙一号”在英国的通用设计评估。中广核将持有合资公司66.5%的股份，法电将持有33.5%的股份。该公司负责推进布拉德韦尔B项目，并作出最终投资决定。

2016年10月，通用核能系统公司向英国政府申请启动对“华龙一号”的通用设计评估流程。2017年1月，通用设计评估正式启动，预计将于2021年完成。

2.3 已暂停的威尔法项目和奥德伯里项目

日本日立公司（Hitachi）打算使用日立-通用电气核能公司（Hitachi-GE）的ABWR在威尔法和奥德伯里两个厂址建设4台机组，总计装机容量至少5.4 GWe。2019年1月，日立宣布暂停英国威尔法和奥德伯里两个核电建设项目。日立表示，这一决定是从其作为一家私营企业的“经济合理性”角度作出的。该决定将引发日立英国子公司地平线核电公司（Horizon Nuclear Power）的大规模裁员计划。

2009年，为了在英国新建核电站，德国莱茵集团（RWE）和意昂集团（E. On）以双方各占50%的比例共同组建了地平线核电公司。地平线核电公司已获得奥德伯里和威尔法两个核电建设厂址。但在2012年上半年，莱茵集团和意昂集团宣布撤出地平线核电公司。

此后，俄罗斯国家原子能集团公司（Rosatom）、中国国家核电技术公司和日本东芝公司（Toshiba）组成的联合体、法国阿海珐（Areva）和中广核组成的联合体以及日立公司先后宣布参与地平线核电公司的竞标。日立最终于2012年10月在此次竞标中获胜。

2017年年底，ABWR通过通用设计评估。2018年6月，地平线向监管机构提交主要规划申请，目前正在接受评审。与此同时，日立与英国政府在式就威尔法项目融资模式启动磋商。由于双方未能就融资条款达成一致意见，日立决定暂停该项目。据了解，日立自2012年收购地平线以来的花费在15亿英镑至20亿英镑之间，而威尔法项目的总体成本预计约为150亿英镑。

2.4 已终止的穆尔赛德项目

日本东芝公司董事会2018年11月决定退出英国穆尔赛德核电建设项目，并关闭英国核时代公司（NuGeneration）。东芝表示，在权衡继续运营核时代需要付出的额外成本之后，作出了这个更加经济合理的决定。

核时代公司成立于2009年，目标是在穆尔赛德（Moorside）建设3台AP1000机组。核时代由伊维尔德罗拉公司（Iberdrola）、法国Engie公司和苏格兰与南方能源集团（Scottish & Southern Energy）三家公司联合组建，分别持股37.5%、37.5%和25%。经过一些列股权变更，核时代于2017年7月成为东芝的全资子公司。此后，东芝一直致力于出售核时代。

2018年11月，东芝表示，虽然目前仍在与多家公司协商，但预计不能在2019年3月31日之前完成核时代的出售。作为退出决定的一部分，东芝将清算先进能源英国公司（AEUK），该公司是东芝为持有核时代股权而专门成立的一家公司。东芝表示将在2019年1月31日之前启动核时代和先进能源英国公司清算程序，相关工作将完全按照英国的法定程序进行。

3 经济性决定新核电项目的前景

欣克利角C是英国新世纪首个新建核电项目，项目的顺利推进离不开英国和法电就项目投资合同关键条款达成的一致意见。项目投资合同中的一项关键条款就是英国愿意提供长达35年的差价合约。所谓差价合约，就是通过设定开发商在一段时间内获得的“执行价格”，为开发商提供了更大的确定性和收入稳定性。对于欣克利角C项目而言，执行价格为92.5英镑/MW·h（塞兹韦尔C项目在作出最终投资决策后执行价格将为89.5英镑/MW·h），持续时间35年。在这一期间内，如果市场价格低于执行价格，项目运营商将收到补足款项，最终由电力消费者支付。相反，如果市场价格超过执行价格，支付将反向流动。另外，设定两种执行价格主要是为了反映同类型后继机组的造价将会低于首台机组这一事实。

在日立与英国政府就威尔法项目的谈判中，英国政府也考虑为项目提供差价合约，但是预计执行价格不高于75英镑/MW·h。除此之外，英国政府愿意考虑获得威尔法项目三分之一的股权，同时提供完成建设所需的所有债务融资。然而，日立希望由英国企业和政府组成的联合体能承担项目50%的风险，并希望英国政府能为其50%股权提供担保，以降低融资利率。此外，日立还希望英国政府能提供一个保障电价。英国政府的提议与日立的期望值有一定的差距，因此日立决定暂停该项目。在日立做出暂停决定之前，地平线已在威尔法项目上取得较大进展。英国核监管办公室（ONR）正在考虑该厂址的许可证申请，同时地平线正在推进所有其他许可证申请进程。地平线在建立供应链方面也取得进展，已与美国柏克德公司（Bechtel Management）签署合同，未来柏克德将成为威尔法项目的管理承包商。威尔法场址开发已经完成地面工作、环境研究、考古工作及钻孔工作，同时已获得场址准备和清理的规划许可证。即便已取得诸多进展，日立还是决定从其作为私营企业的经济合理性的角度暂停该项目。日立在做出暂停决定的同时表示，未来项目的进展将取决于与英国政府的协商，双方需要更多的时间来为地平线项目建立融资模式并商讨核电站的建设和运行模式。

在与核电站供应商进行协商的同时，英国政府正在考虑为未来核电建设项目采取新的融资模式，即“受监管的资产基础”（RAB）。RAB 实质上是一种在政府支持下编制的合同，即在项目启动前计算项目成本和利润，并能从第一天开始向投资者支付利润。与差价合约不同，在 RAB 模式下英国政府将承担一定程度的项目风险，但英方保障的收益也相应降低。英国政府于 2018 年 6 月开始评估 RAB 模式可行性，预计最晚将于 2019 年夏季公布评估结果。在英国政府提出 RAB 融资模式之前，东芝曾宣布韩国电力公司（KEPCO）为核时代的首选竞标者。在英国政府提出 RAB 模式之后，东芝宣布取消韩电的优先谈判权，为其他竞标者留出机会。由此可见，RAB 模式在保障核电项目投资者收益方面有一定的优势。

4 小结

为了应对气候变化，英国已承诺在 2025 年之前关闭所有煤电厂。英国政府一直支持使用新建核电厂来填补在运核电机组和燃煤电厂关闭后出现的装机容量缺口，但前提条件是由私营企业承担新建核电的筹资和建设工作，并根据国际行业准则承担废物管理和退役费用。为了鼓励新核电的建设，政府采取了包括简化规划程序、为新建项目提供差价合约在内的一系列鼓励措施。

然而，从 2018 年 11 月东芝完全退出穆尔赛德项目到 2019 年 1 月日立宣布暂停威尔法和奥德伯里项目，短短几个月里，英国三个拟建核电项目被放弃或暂停。之前预计这三个项目将为英国提供 13%～15%的电力。对于上一代核电站已经陆续到期关闭，同时为了对抗“气候变化”还不得不淘汰煤电厂的英国来说，可谓打击巨大。英国核行业和政府的一些相关人士均对英国新建核电的未来表示担忧。

核电项目建设周期长，且面临着造价大幅上升、市场融资条件不佳等重大挑战，如果英国政府不能给出优惠的融资条件保障投资方的收益，日立、东芝等私营企业很难承担新建核电项目所带来的资金风险。目前看来，确立一种适合于新建核电项目的融资模式迫在眉睫，使其既能够在长建设周期下平衡投资方的收益和风险，又能够确保项目所在国家纳税人和消费者的利益。

参考文献

[1] Nuclear Power in the United Kingdom [EB/OL]. (2019-03-11) [2019-03-25]. http://www.world-nuclear.org/information-library/country-profiles/countries-t-z/united-kingdom.aspx.

[2] Final contracts signed forHinkley Point C project [EB/OL]. (2016-09-26) [2019-03-25]. http://www.world-nuclear-news.org/Articles/Final-contracts-signed-for-Hinkley-Point-C-project.

[3] Hinkley Point C - National Audit Office [EB/OL] (2017-06-23) [2019-03-25].

https：//www. nao. org. uk/wp-content/uploads/2017/06/Hinkley-Point-C. pdf.
[4] The next steps for Horizon [EB/OL] . (2019-01-18) [2019-03-26] . http：//www. world-nuclear-news. org/Articles/The-next-steps-for-Horizon.
[5] UK unveils financial terms it offered Hitachi [EB/OL] . (2019-01-18) [2019-03-26] . http：//www. world-nuclear-news. org/Articles/UK-unveils-financial-terms-it-offered-Hitachi.
[6] Toshiba decides to scrapMoorside project [EB/OL] . (2018-11-08) [2019-03-26] . http：//www. world-nuclear-news. org/Articles/Toshiba-decides-to-scrap-NuGens-Moorside-project.

ACP600 反应堆一回路及其系统设计知识产权研究

中国核科技信息与经济研究院核工业知识产权研究所

钟昊良

摘　要：本文对 ACP600 堆型中国核动力研究设计院（以下简称“核动力院”）关注的重点技术进行了概述，建立了技术图谱，在此基础上对国内专利进行了全面检索，检索时间截至 2017 年 10 月 15 日，检索平台为 innojoy 和智慧芽。通过关键词、技术类别、主要申请人等检索手段进行全面检索，并对初步检索结果进行了噪声监测，经去噪后共有 307 件国内专利/专利申请，包括堆内构件相关专利 50 件，蒸汽发生器相关专利 56 件，控制棒驱动机构相关专利 35 件，堆芯控制相关专利 86 件，核电厂换料相关专利 52 件，芯块检测相关专利 28 件。对上述专利/专利申请分别从专利申请年代、技术类别、主要申请人和法律状态四个方面进行了统计分析，了解了 ACP600 反应堆中核动力院重点关注的技术发展动态、技术发展方向和申请人的技术实力情况等。分析核动力院关注的重点技术在中国的专利布局情况，核动力院从 2004 年开始，共计提出了 73 件专利申请，将核动力院在 ACP600 反应堆一回路及其系统设计中的专利布局情况更清楚地展现，并针对 ACP600 反应堆一回路及其系统设计的专利布局现状提出了建议。

关键词：ACP600；重点技术；专利；态势分析；布局

1 概述

由于国际上第三代压水堆核电站机组发电功率均超过 1 000 MW，而对于最低负荷小于 1 000 万 kW 的电网的国家，不宜建设百万千瓦级核电机组。600 MW 核电站在新兴国家和市场容量小的国家有很大的市场需求，在“一带一路”沿线国家有发展潜力。

ACP600 是中核集团在秦山二期工程、秦山二期扩建工程和海南昌江核电工程二环路 60 万千瓦级核电技术的基础上，充分借鉴三代核电技术的先进设计理念，吸收福岛核电站事故的经验反馈，并且充分利用国内自主化三代先进核电技术研发成果与经验而开发的 60 万千瓦级三代压水堆核电技术。

为了合理有序推进 ACP600 的研发工作，中核集团根据目前国内外核电市场的形势，采取了“一次规划，分步实施，项目与研发相互促进”的研发策略，分两个阶段开展 ACP600 的型号研发。第一阶段，在 ACP1000 科研、设计成果和 ACP600 概念设计基础上，开展 ACP600 核电总体方案研究，完成总体设计，具备投标书（国际）和项目建议书（国内）要求深度，满足国际、国内市场开发的技术需求；第二阶段，完成标准（与厂址无关的）初步设计和标准初步安全分析报告，并完成设计验证性试验和其他研究工作。

中国核动力研究设计院作为反应堆及反应堆一回路系统及其相关仪控系统的设计方，在 ACP600 总体设计研究阶段，负责反应堆设计研究、反应堆结构设计研究、反应堆冷却剂系统研究等方面，涉及消化吸收和自主创新的过程，因此需结合技术研发历程，分析其中可能存在的知识产权风险，规避 ACP600 反应堆一回路及其系统设计在国内出现知识产权侵权风险。

本报告通过对 ACP600 核动力院重点关注的技术领域在国内公开的专利文献进行检索与分析，期望可以得到如下几方面的信息：

1）ACP600 堆型中的重点关注技术信息，所述重点关注技术包括堆内构件、蒸汽发生器、控制棒驱动机构、堆芯控制、核电厂换料、芯块检测六方面。专利文献可提供很多新技术和新技术的关键信息及背景信息。利用专利可发现供改进现有产品、工艺和设计的可能性和方法，以及在先技术，或可替代的新技术和新的研究方向。

2）ACP600 堆型中的重点关注技术和其产业动向，所述重点关注技术包括堆内构件，蒸汽发生器，控制棒驱动机构，堆芯控制，核电厂换料，芯块检测六方面。专利文献可以显现出哪些机构、哪些人员、哪些国家正在从事哪些研究，这些研究处于什么阶段，又有哪些成果；从时间、空间上进行分析，就可以显示当前的前沿技术是什么，市场前景怎样，某一技术或产品的生命周期状况如何，潜在的市场价值和潜力是怎样的，本领域及相关领域产品或技术的转折方向和重大变化如何演变，技术和市场空隙在哪里。

3）ACP600 堆型中关于重点关注技术的竞争对手信息，所述重点关注技术包括堆内构件、蒸汽发生器、控制棒驱动机构、堆芯控制、核电厂换料、芯块检测六方面。通过对专利文献中的重点申请人及其所申请专利的相关领域等相关信息的分析，不仅可以得知相关领域的主要竞争对手、其所拥有的核心技术及其在各阶段核心技术的发展变化，而且可以根据主要竞争对手的专利布局来研究这些竞争对手的专利活动及意图。通过专利态势分析来了解这些企业在相关技术领域的研究重点以及他们所持有的关键技术，进一步分析竞争对手研发和产品战略的变化、重点和技术偏好，及其未来可能的发展方向及市场战略。

本报告针对 ACP600 堆型核动力院重点关注技术专利态势分析的具体工作过程如下：

（1）专利文献检索

收集整理国内 ACP600 核动力院重点关注技术发展情况，梳理技术内容，制定检索策略；再进一步确定检索年代范围、检索系统及检索数据库等。检索国内 ACP600 堆型中核动力院重点关注技术相关的专利，并同时建立专利文献数据库。

（2）总体态势分析

结合专利检索结果，筛选相关专利并进行技术分类标引，再对确定相关专利进行定量统计分析，包括：年代-专利数量、申请人-专利数量、法律状态、技术发展方向-专利数量等，给出 ACP600 堆型中核动力院重点关注技术相关的专利申请趋势、技术研究热点、国内外公司专利布局情况等。

（3）技术方向/重点申请人分析

结合专利总体定量统计分析结果，选取其中的专利技术方向及重点申请人两个维度进行更进一步的具体态势分析。

2　技术分解与数据检索

2.1　技术分解

针对 ACP600 堆型中核动力院重点关注技术进行技术分解，技术图谱如图 1 所示。

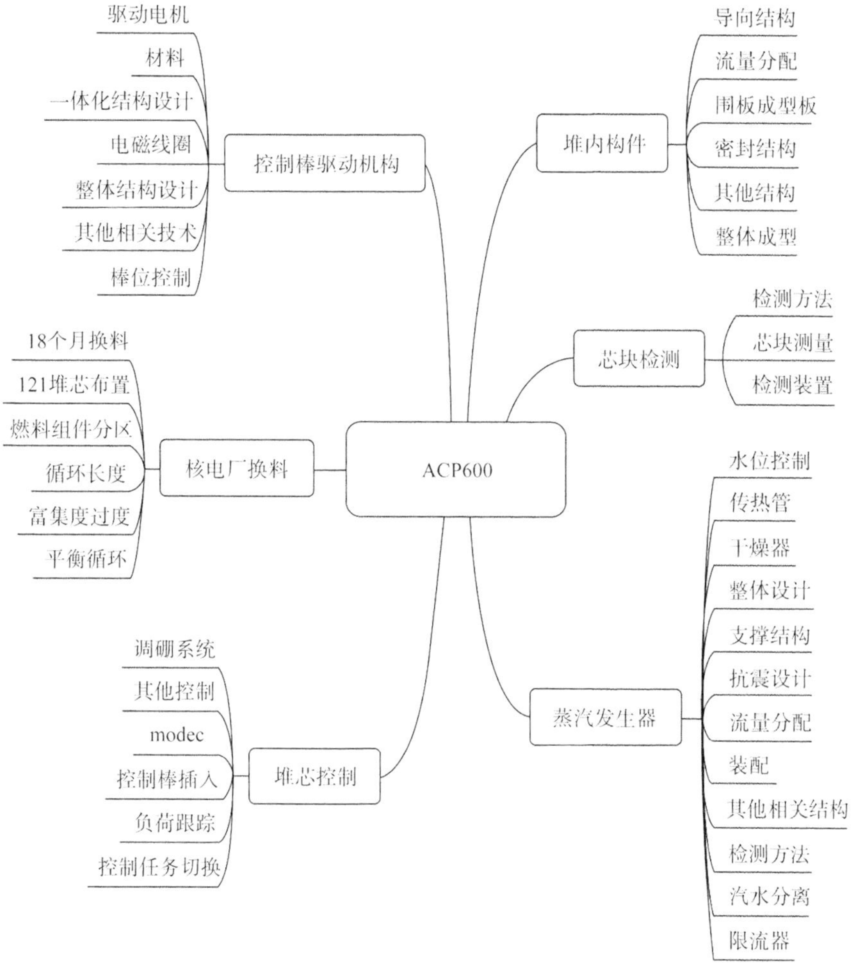

图 1　ACP600 堆型重点关注技术技术图谱

2.2　数据检索

2.2.1　专利检索流程

专利检索是为了获得相关技术的目标专利文献集合，目标专利文献集合应包含相关技术的所有专利文献，且不包含不相关的噪声文献。专利检索的首要原则就是保证检索结果的全面性和准确性。因此，本次针对ACP600堆型中重点关注技术的检索制定了完整的专利检索流程，如图2所示，主要包括检索前期准备工作、专利检索以及检索评估。

在专利检索前期，课题组成立了专门的检索小组，根据要检索主题ACP600堆型中重点关注技术，与技术专家讨论，确定要检索的内容以及对该技术的技术分解，然后根据检索内容以及技术分解进行专利检索。

合理地选择检索系统以及专利数据库有利于提高专利文献的查全和查准，一般专利数据库的选择需要考虑待检索技术方案所涉及的技术领域、专利文献的地域和/或时间的集中度以及检索时拟采用的检索方式等，在选择好待检索的专利数据库后，根据课题任务确定检索的地域和/时间范围后，就可以开始进行专利检索。

专利检索目标是获得与技术主题相关的所有专利文献，为了有针对性地完成专利检索，并尽可能地提高专利查全率，必须在专利检索时制定有针对性的检索策略，常用的检索策略包括分总式检索策略、专利分类号检索策略、重点申请人检索策略以及组合式检索策略，针对核电软件相关技术的具体情况，通过与技术专家探讨后制定出有针对性的检索策略进行专利检索。

一般而言，专利检索不是一蹴而就的，随着检索的进行，需要根据检索的结果调整检索策略。一方面，检索小组通过初步检索，发现大量噪声专利文献的存在，同时也发现了新的检索要素，此时，需要变更检索要素，修正检索式。另一方面，当检索小组在某一数据库中没有检索到合适的专利文献时，会考虑重新选择数据库。

专利检索后必须进行检索评估，以保证专利文献的查准和查全，

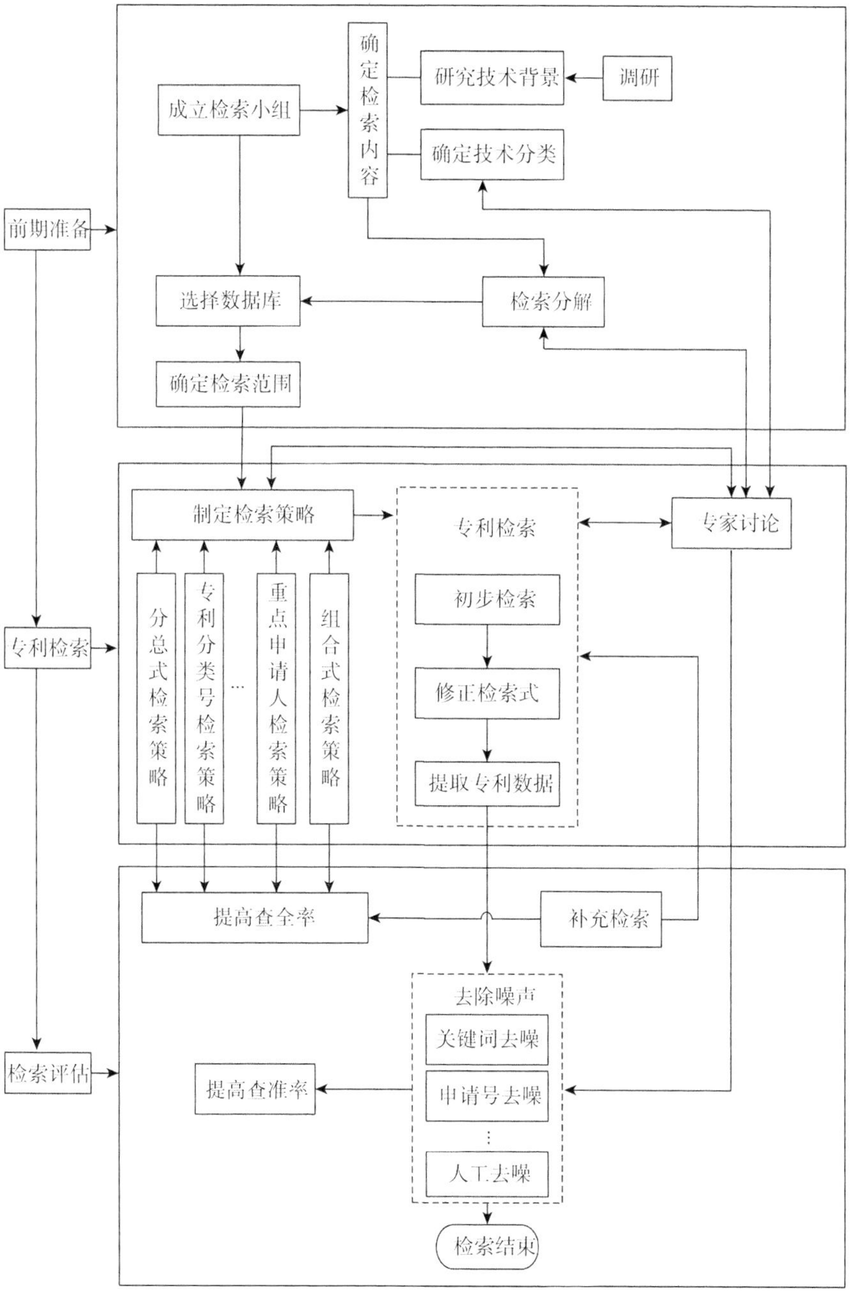
前期准备
专利检索
检索评估
确定检索内容
研究技术背景
调研
成立检索小组
确定技术分类
选择数据库
检索分解
确定检索范围
制定检索策略
专利检索
专家讨论
初步检索
修正检索式
提取专利数据
分总式检索策略
专利分类号检索策略
重点申请人检索策略
组合式检索策略
提高查全率
补充检索
去除噪声
关键词去噪
申请号去噪
人工去噪
提高查准率
检索结束

图 2　专利检索流程图

从理论上说，任何完整的专利检索都应当既全面又准确的检索，但是从实际出发，检索要有一定的限定，检索小组根据已获得的检索结果，使用的检索策略和手段，在综合考虑时间、精力等成本因素，决定是否中止检索。要实现完全的查全和查准是不现实的，只有尽可能的提高查全率和查准率，因此，通过制定出有针对性的检索策略，通过不断补充检索，进一步提高查全率。对于已获得的专利文献，为了提高查准率，进行专利去噪处理，根据噪声与课题研究内容的关系，将噪声划分为绝对噪声和相对噪声。绝对噪声是与课题内容明显不相关的噪声，一般来源于补充分类号的扩展。相对噪声是与课题研究内容不相关，但是可能包含有效检索要素的噪声，根据课题研究的内容，通过与技术专家探讨，选择合适的去噪方式，去除噪声专利文献，本项目主要通过关键词去噪、分类号去噪、申请号去噪以及人工去噪等。

2.2.2 专利检索工具

本检索报告专利数据主要采用 Innojoy 专利数据库（以下简称 Innojoy)、智慧芽专利检索平台进行数据检索，上述两个检索平台可以检索到国家知识产权局所公开的全部在华专利文献，并建立本地主题数据库，便于开展专利分析。

2.2.3 检索范围、策略及结果

检索范围：中国专利局专利数据库，2017 年 10 月 15 日之前。

检索策略：主要采用关键词和 IPC 国际分类号结合方式进行检索；同时对初步检索结果进行人工筛选。具体的检索策略如表 1 所示。

表 1　检索策略及检索结果表

序号	技术分类	检索策略（TI-名称；ABST-摘要；CLMS-权利要求书；DESC-说明书 IPC-国际专利分类号）	
1	堆内构件	Innojoy	TI，ABST，CLM+=（（导向结构 or 导向 or 密封 or 密封结构 or 流量分配 or 围板 or 围板形成板 or 形成板 or 整体成形）and（核 or 反应堆 ）and（堆内构件 or 构件 or 组成件））and SIC =G21
		智慧芽	TAC：（（核电 or 反应堆 or 核能 or 原子能 or 原子炉）and（堆内 or 构件）and（流量分配 or 导向 or 密封 or 围板 or 成形板））
2	蒸汽发生器	Innojoy	TI，ABST，CLM+=（（截留装置 or 绝热闪 or 面积阻力 or 高效率 or 汽水分离 or 小 or 蒸汽干度）and（核 or 反应堆 ）and（蒸汽发生器 or SG or 换热器））and SIC=G21
		智慧芽	TAC：（（核电 or 反应堆 or 核能 or 原子能 or 原子炉）and（蒸汽发生器 or SG）and（汽水分离器 or 气水分离 or 截流 or 绝热闪 or 面积阻力））
3	控制棒驱动机构	Innojoy	TI，ABST，CLM+=（（ML-C or 长寿命 or 耐高温 or 电磁线圈 or 全镍基 or 一体化密封壳）and（堆 or 核）and（控制棒 or 驱动））and SIC=G21
		智慧芽	TAC：（（核电 or 反应堆 or 核能 or 原子能 or 原子炉）and（驱动 or 控制棒驱动 ）and（ML- C or 耐高温 or 一体化密封 or 全镍基））
4	堆芯控制	Innojoy	TI，ABST，CLM+=（((堆芯控制 or 堆控 or（ 堆芯 and 控制 ））and（ 方法 or 装置 or 系统 ）and（ MODE-C or（（ 负荷 or 电厂负荷 or 基负荷 ）and 跟踪 ）or 负荷跟踪 or（ 硼 or 硼酸 ）or 化控 or（ 控制棒 or 控制杆 ））)）
		智慧芽	TAC：（堆芯 and（负荷跟踪 or 硼 or 控制棒 or 任务切换 ））
5	核电厂换料	Innojoy	TI，ABST，CLM+=（（负荷跟踪 or 硼 or 控制棒 or 任务切换）and（121 堆芯 or 循环长度 or 燃料组件 or 富集度 or 平衡循环）and（芯块 or 密封））and SIC=G21
		智慧芽	TAC：（堆芯 and（负荷跟踪 or 硼 or 控制棒 or 任务切换 ）） TAC：（换料 and（ 121 堆芯 or 循环长度 or 燃料组件 or 富集度 or 平衡循环 ）） TAC：（（（ 芯块 or 密封 ）and 检测）and 核电）

续表

<table>
<tr><th>序号</th><th>技术分类</th><th colspan="2">检索策略（TI-名称；ABST-摘要；CLMS-权利要求书；
DESC-说明书 IPC-国际专利分类号）</th></tr>
<tr><td rowspan="2">6</td><td rowspan="2">芯块检测</td><td>Innojoy</td><td>TI，ABST，CLM+=（(检测 and（系统 or 装置 or 方法）and（（芯块 or 燃料元件 or 二氧化铀）and（核燃料 or 燃料）））or（检测 and（系统 or 装置 or 方法）and（密封 or 泄漏）and（燃料组件 or 燃料棒）））</td></tr>
<tr><td>智慧芽</td><td>TAC：（（（芯块 or 密封）and 检测）and 核电）</td></tr>
<tr><td colspan="3">合计（去重）</td><td>1 409</td></tr>
<tr><td colspan="3">人工筛选及数据标引（注：双申请仅保留发明）</td><td>307</td></tr>
</table>

3　专利态势分析

3.1　申请年代-专利申请量情况

截至 2017 年 10 月 15 日，在中国提出的与 ACP600 堆型中关于核动力院重点关注技术相关的 307 件专利申请/专利的申请趋势情况如图 3 所示。

从图 3 可以看出，国外申请人就 ACP600 重点关注技术在我国申请的专利数量相对较少，符合国外公司在华专利布局的精准策略。国外申请人在华专利布局时间较早，从 1985 年我国建立专利制度以来便开始了持续性专利布局工作，从专利申请数量上来看，主要分为三个阶段。第一个阶段为 1985—1989 年，布局数量稳定且适中，第二个阶段为 1991—2008 年，期间布局产生阶段性缺失，但整体布局趋势还在，数量较少；第三个阶段为 2009—2016 年，这一阶段国外申请人在华的布局情况很平稳，而且数量堪比第一阶段，相对于第二阶

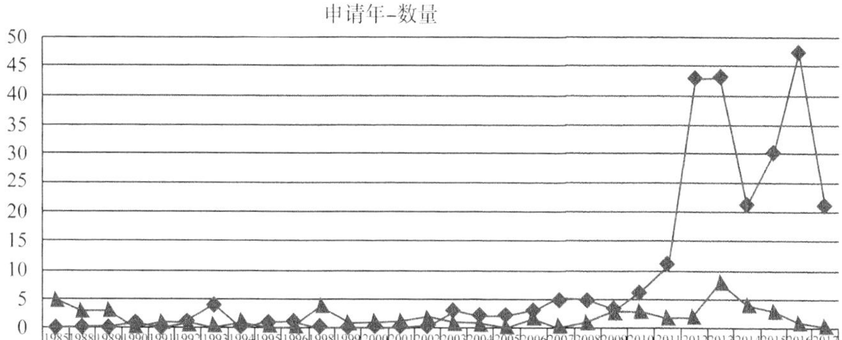

	1985	1988	1989	1990	1991	1992	1993	1994	1995	1996	1998	1999	2000	2001
国内	0	0	0	1	0	1	4	0	1	1	0	0	0	0
国外	5	3	3	0	1	1	0	1	0	0	4	1	1	1

	2002	2003	2004	2005	2006	2007	2008	2009	2010	2011	2012	2013	2014	2015	2016	2017
国内	0	3	2	2	3	5	5	3	6	11	43	43	21	30	47	21
国外	2	1	1	0	2	0	1	3	3	2	2	8	4	3	1	0

图 3　国内外申请人年代-专利申请量示意图

段的布局数量有了明显的增加，在 2013 年达到了峰值，这一阶段的布局情况符合我国核电的发展趋势，这一阶段正是我国核电高速发展的时间段，国外申请人在这关键时刻也进行了相应的专利布局工作，值得我们持续跟踪、关注。

国内申请人申请专利数量较多，主要分布在三个阶段：

第一阶段为 1992—2003 年，在该阶段我国的知识产权意识薄弱，国民多知识产权并没有普遍认同与相应了解，所以这一阶段的我国专利申请量比较少，符合当时时代背景。

第二阶段为 2004—2011 年，在该阶段我国确立了核电发展中长期规划，很多高校科研单位均在研究堆技术中加大投入，因此出现了少量的专利/专利申请。

第三阶段为 2012—2017 年，这一阶段，我国完成了三代 AP1000 核电技术的引进，这阶段三代核电技术已趋于成熟，这使得 ACP600 等研究堆的技术储备条件成熟，堆内构件，蒸汽发生器、控制棒驱动机构等关键技术有所突破进展，因此国内专利布局明显增加，我国申请人的专利申请数量激增。

3.2 技术类别情况

1985—2017年期间，在中国提出的与ACP600重点关注技术有关的307专利申请/专利的技术类别情况，如图4所示。

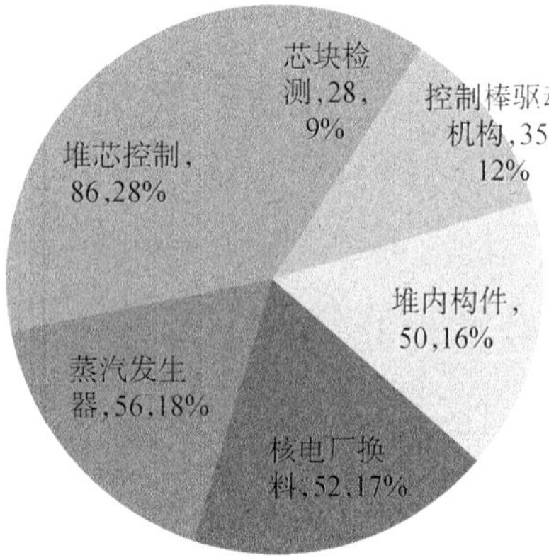

图4 技术类别示意图

从图4可以看出，ACP600重点关注技术的技术分类中，堆内构件相关专利/专利申请50件，蒸汽发生器相关专利/专利申请56件，控制棒驱动机构相关专利/专利申请35件，堆芯控制相关专利/专利申请86件，核电厂换料相关专利/专利申请52件，芯块检测相关专利/专利申请28件。其中堆内构件、核电厂换料和蒸汽发生器相关专利/专利申请所占总量的比重相差不大，分别占总量的16%、17%和18%；堆芯控制技术方面的相关专利/专利申请数量最多，占总量的28%。

3.3 主要申请人-专利申请量情况

1985—2017 年期间，在中国提出的与 ACP600 重点关注技术有关的 307 件专利申请/专利的主要申请人情况如图 5 所示。

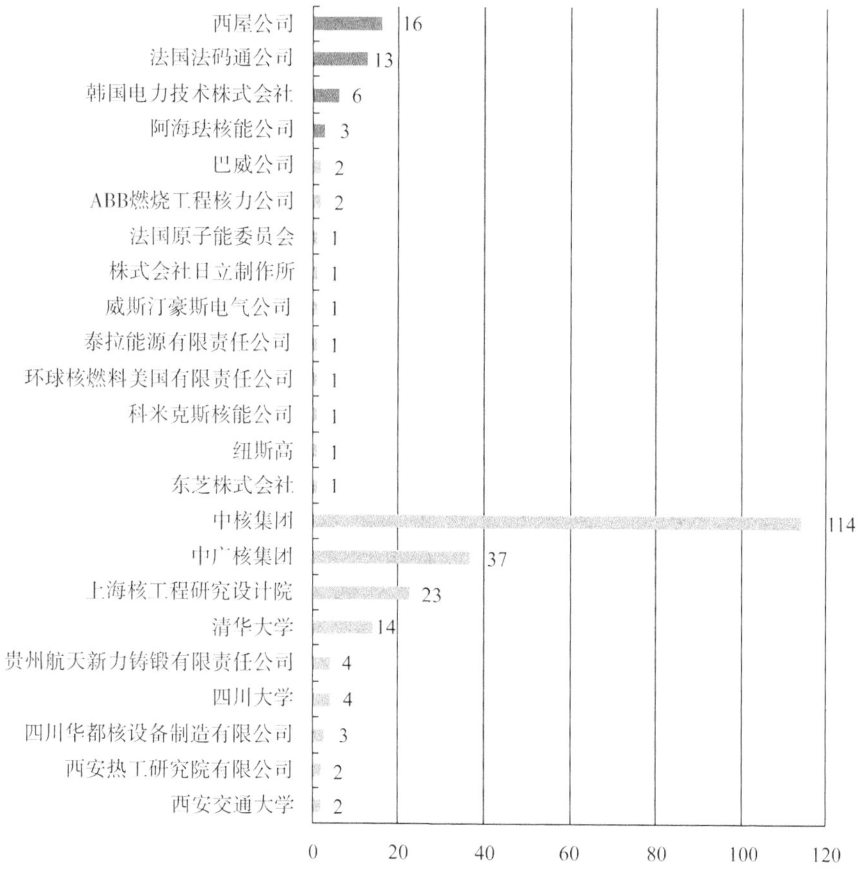

图 5　主要申请人-专利申请量示意图

从图 5 可以看出，国外主要申请人包括法玛通公司、西屋电气有限责任公司、韩国电力株式会社和阿海珐核能公司等，分别申请了 16

件、16 件、6 件和 3 件专利/专利申请。

国内主要申请人包括中核集团、中广核集团、上海核工程研究设计院和清华大学等。其中，中核集团的专利量明显多于其他申请人，共计 114 件专利/专利申请，中广核集团和上海核工程研究设计院的专利量分别排在第二和第三位，清华大学的专利量位列第四，其余申请人数量较少。

国内申请人中，中广核集团下属成员单位专利情况如图 6 所示。

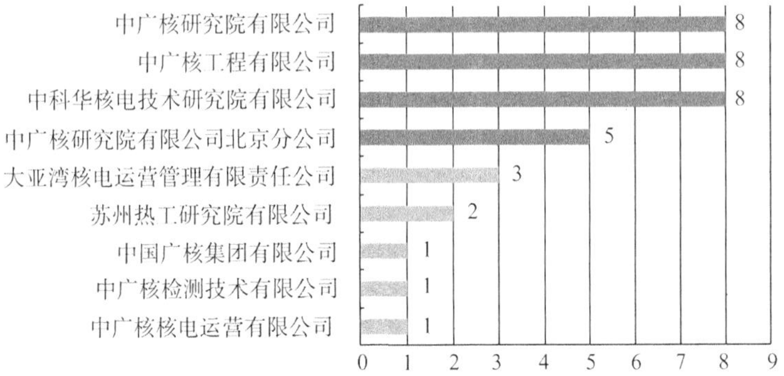

图 6　中广核集团下属单位专利申请量示意图

从图 6 中可以看出，中广核研究院有限公司、中广核工程有限公司、中科华核电技术研究院有限公司以及中广核研究院有限公司北京分公司的专利申请量相对于其他成员单位明显居多，其中中广核研究院有限公司、中广核工程有限公司和中科华核电技术研究院有限公司均有 8 件专利/专利申请，中广核研究院有限公司北京分公司有 5 件专利/专利申请。

中核集团下属成员单位的专利情况如图 7 所示。

从图 7 中可以看出，在中核集团共申请了 114 件专利/专利申请中，中国核动力研究设计院作为 ACP600 的主要研发单位，其专利申请量占有绝对优势，达到了 74 件。中国核电工程公司、中国原子能

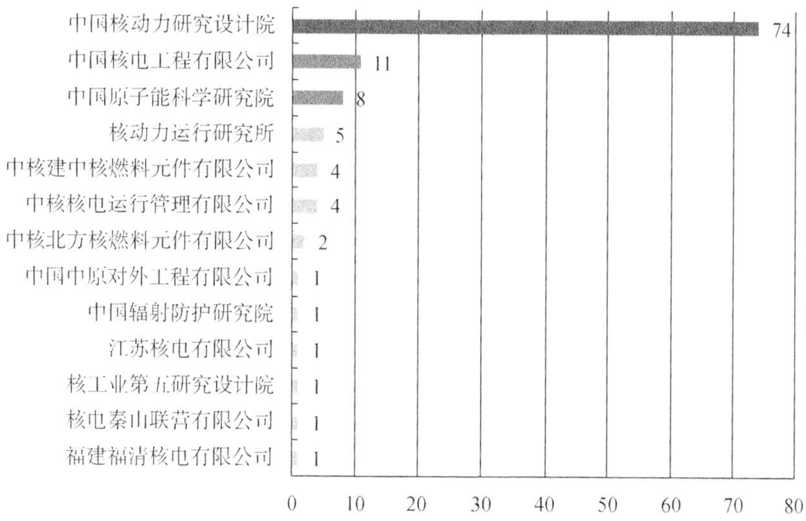

图 7　中核集团下属单位专利申请量示意图

科学研究院分别有 11 件和 8 件专利/专利申请。

3.4　法律状态情况

1985—2017 年，在中国提出的与 ACP600 重点关注技术有关的 307 件专利申请/专利的法律状态情况如图 8 所示。在中国提出的与 ACP600 重点关注技术相关的 307 件专利申请/专利中，有效专利为 147 件，处于审查中的专利数量为 86 件，无效专利为 74 件。

从图 8 中可以看出，有效专利数量占总量 54%，处于审查中的专利中，处于实审阶段的数量为 68 件，占总量的 22%，处于公开状态的有 18 件，占总量的 6%。无效专利包括驳回、视为撤回和其他失效共计 74 件，其中，驳回为 16 件，视为撤回为 26 件，期限届满为 5 件，放弃为 9 件，未缴年费 18 件，失效专利合计占总量的 24%。

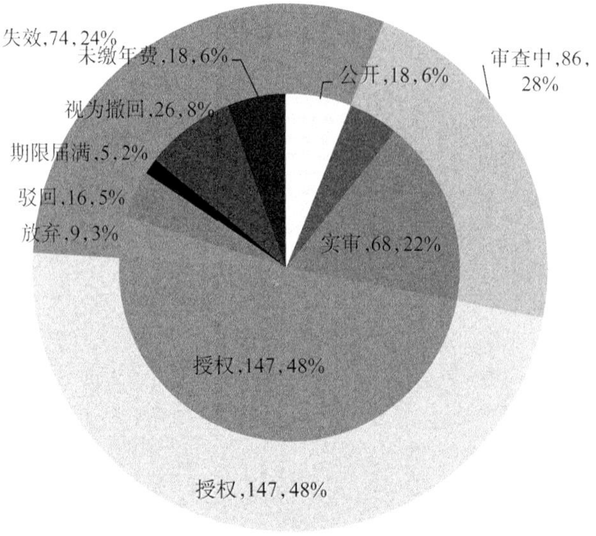

图 8　法律状态示意图

3.5　小结

通过检索和人工去噪初步筛查，获得与 ACP600 重点关注技术相关的专利申请/专利 307 件。

从申请年和申请人情况来看，国外申请人就 ACP600 重点关注技术在我国申请的专利数量相对较少，符合国外公司在华专利布局的精准策略。国外申请人在华专利布局时间较早，从 1985 年我国建立专利制度以来便开始了持续性专利布局工作，从专利申请数量上来看，主要分为三个阶段。其布局特点为布局起步早，持续性强，布局时间点掌握的准，选择在我国核电高速发展的时间段进行大规模性布局，其专利布局的大局观和布局战略性值得我们参考借鉴，国外申请人所布局的专利情况也值得我们持续跟踪和关注。

反观国内申请人的专利布局情况，主要分布在三个阶段：

第一阶段布局量很少，第二阶段出现了少量的专利/专利申请，第三阶段我国完成了三代 AP1000 核电技术的引进，这阶段三代核电技术已趋于成熟，这使得 ACP600 等研究堆的技术储备条件成熟，堆内构件等关键技术有所突破进展，因此国内专利布局明显增加，我国申请人的专利申请数量激增。

其中国外主要申请人包括法玛通公司、西屋电气有限责任公司、韩国电力株式会社和阿海珐核能公司等，分别申请了 16 件、16 件、6 件和 3 件专利/专利申请。

国内主要申请人包括中核集团、中广核集团、上海核工程研究设计院和清华大学等。其中，中核集团的专利量明显多于其他申请人，共计 114 件专利/专利申请，中广核集团和上海核工程研究设计院的专利量分别排在第二和第三位，清华大学的专利量位列第四，其余申请人数量较少。

在上述 307 件专利/专利申请中，堆内构件相关专利/专利申请 50 件，蒸汽发生器相关专利/专利申请 56 件，控制棒驱动机构相关专利/专利申请 35 件，堆芯控制相关专利/专利申请 86 件，核电厂换料相关专利/专利申请 52 件，芯块检测相关专利/专利申请 28 件。

从法律状态角度来看，在华提出的与 ACP600 重点关注技术相关的 307 件专利申请/专利中，有效专利为 147 件，处于审查中的专利数量为 86 件，无效专利为 74 件，分别占总量的 48%，28%和 24%。

4 ACP600反应堆一回路及其系统设计中重点关注技术的专利布局现状

4.1 年代—专利申请量

截至2017年10月15日，中核集团中国核动力研究设计院在国内就ACP600反应堆一回路及系统设计中核动力院重点关注的技术内容提出73件专利申请，其年代—专利申请数量情况，如图9所示。

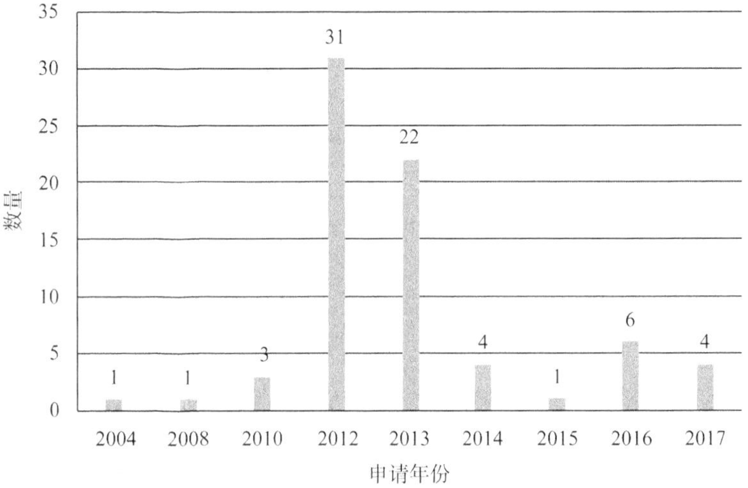

图9 年代—专利申请数量分布图

从图9中可以看出，自2004年以来，中核集团中国核动力研究设计院在国内就ACP600反应堆一回路及系统设计中重点关注的技术内容持续进行了专利布局工作，但2011年之前共提出4件专利申请，数量较少，绝大多数专利申请集中2012年之后；这是主要是由于自

2012 年以来，中核集团开展“龙腾 2020”科技创新计划项目，构建了由知识产权专员组织落实、知识产权专业机构介入服务和知识产权管理人员全程跟踪的知识产权工作体系，对 ACP600 反应堆一回路及系统设计中核动力院重点关注的技术领域在国内进行了系统的专利布局。

4.2 技术类别-专利申请量

4.2.1 总体情况

截至 2017 年 10 月 15 日，中核集团中国核动力研究设计院在国内就 ACP600 反应堆一回路及系统设计中重点关注的技术内容提出 74 件专利申请，其技术类别—专利申请数量总体情况，如图 10 所示。

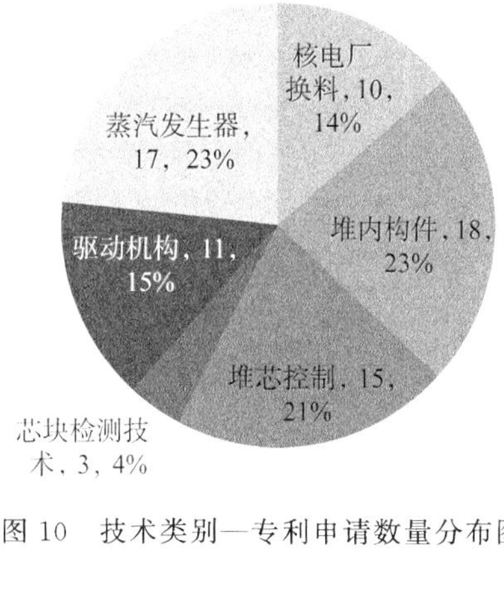

图 10　技术类别—专利申请数量分布图

从图 10 中可以看出，74 件专利申请中，堆内构件 18 件，占总量 23%；控制棒驱动机构 15 件，占总量 21%；蒸汽发生器 17 件，占总量 23%；堆芯控制 11 件，占总量 15%，核电厂换料 17 件，占总量

23%；芯块检测技术 3 件，占总量 4%。

4.2.2 堆内构件

截止 2017 年 10 月 15 日，中核集团中国核动力研究设计院在国内就 ACP600 反应堆一回路及系统设计中关于堆内构件重点关注的技术内容提出 18 件专利申请，其技术类别—专利申请数量情况，如图 11 所示。

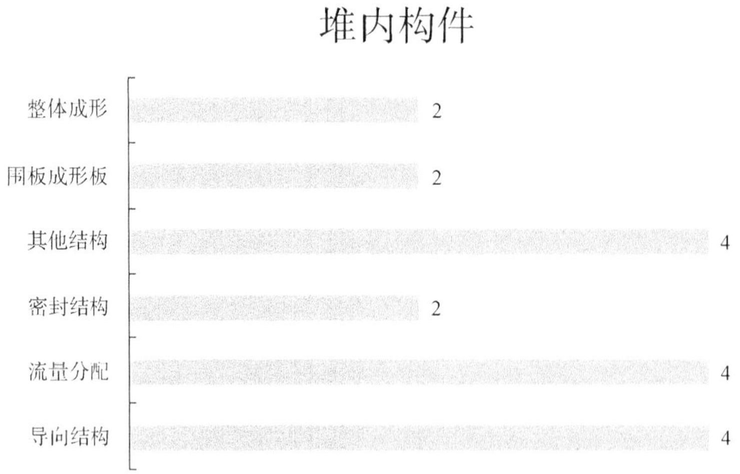

图 11 技术类别—专利申请数量分布图

从图 11 中可以看出，堆内构件 18 件专利申请分布在导向结构、整体成型设计等 6 个技术类别，具体为：整体成型设计 2 件，围板形成板设计 2 件，密封结构 2 件，流量分配 4 件，导向结构设计 4 件，其他结构 4 件。

由此可见：中核集团核动力研究设计院对 ACP600 堆型堆内构件中所关注的方面申请了专利，并对重点技术特征提出多项专利申请予以保护。

4.2.3 控制棒驱动机构

截至 2017 年 10 月 15 日，中核集团中国核动力研究设计院在国内就 ACP600 反应堆一回路及系统设计中关于控制棒驱动机构重点关注的技术内容提出 11 件专利申请，其技术类别—专利申请数量情况，如图 12 所示。

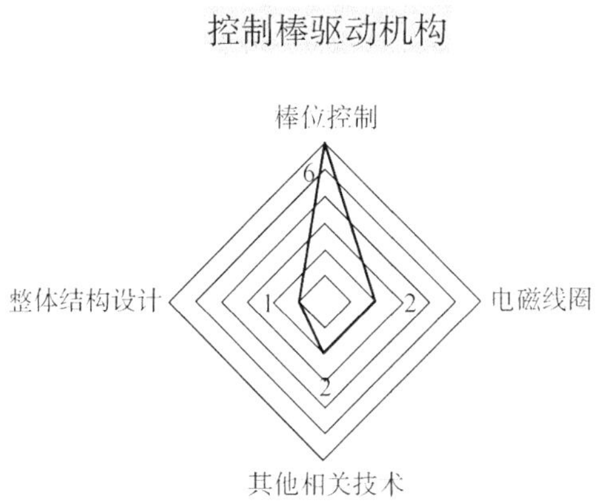

图 12 技术类别—专利申请数量分布图

从图 12 中可以看出，控制棒驱动机构的 11 件专利申请分布在棒位控制等 4 个技术类别，具体为：棒位控制技术 6 件，电磁线圈技术 2 件，整体结构设计 1 件，其他相关技术 2 件。

由此可见，中核集团中国核动力研究设计院专利布局涉及棒位控制技术、电磁线圈技术、整体结构设计等多个技术类别，其中对于棒位控制技术的专利布局比重最大。

4.2.4 蒸汽发生器

截至 2017 年 10 月 15 日，中核集团中国核动力研究设计院在国内就 ACP600 反应堆一回路及系统设计中关于蒸汽发生器重点关注的技术内容提出 17 件专利申请，其技术类别—专利申请数量情况，如图 13 所示。

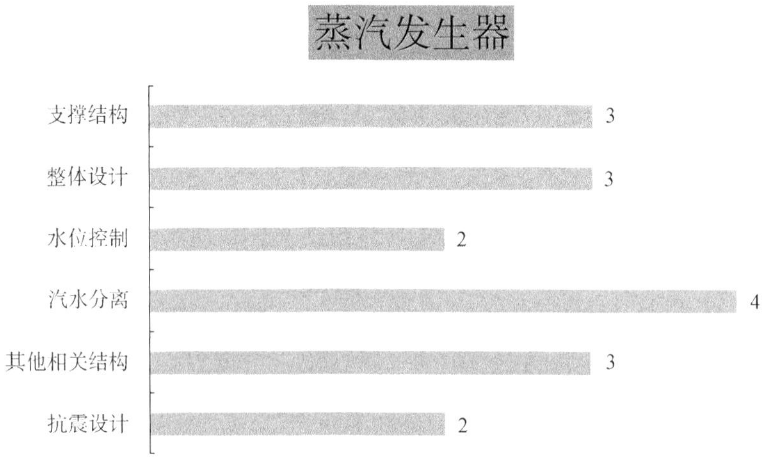

图 13　技术类别—专利申请数量分布图

从图 13 中可以看出，蒸汽发生器 17 件专利申请分布在蒸汽发生器水位控制、汽水分离技术、整体设计等 5 个技术类别，具体为：支撑结构设计 3 件，整体设计 3 件，水位控制技术 2 件，汽水分离技术 4 件，抗震设计 2 件，其他相关结构 3 件。

由此可见：中核集团中国核动力研究设计院专利在蒸汽发生器技术领域的专利布局主要集中在蒸汽发生器的汽水分离技术、支撑结构和整体设计等重要结构件的技术改进上。

4.2.5　堆芯控制

截至 2017 年 10 月 15 日，中核集团中国核动力研究设计院在国内就 ACP600 反应堆一回路及系统设计中关于堆芯控制重点关注的技术内容提出 15 件专利申请，其技术类别—专利申请数量情况，如图 14 所示。

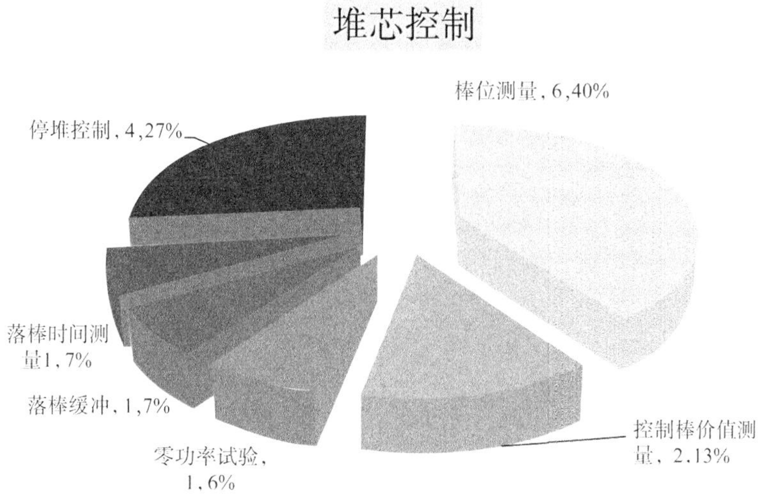

图 14　技术类别—专利申请数量分布图

从图 14 中可以看出，在反应堆堆芯控制技术方面的 15 件专利申请分布在棒位测量、停堆控制等 6 个技术类别，具体为：棒位测量 6 件，控制棒价值测量 2 件，停堆控制 2 件，落棒时间测量 1 件，落棒缓冲 1 件，零功率试验 1 件。

由此可见：中核集团中国核动力研究设计院在棒位测量、控制棒价值测量、停堆控制、落棒时间测量、落棒缓冲和零功率试验 6 个技术方面，进行系统的专利布局。

4.2.6　核电厂换料

截至 2017 年 10 月 15 日，中核集团中国核动力研究设计院在国内就 ACP600 反应堆一回路及系统设计中关于核电厂换料重点关注的技术内容提出 10 件专利申请，其技术类别—专利申请数量情况，如图 15 所示。

从图 15 中可以看出，关于核电厂换料的 10 件专利申请分布在换

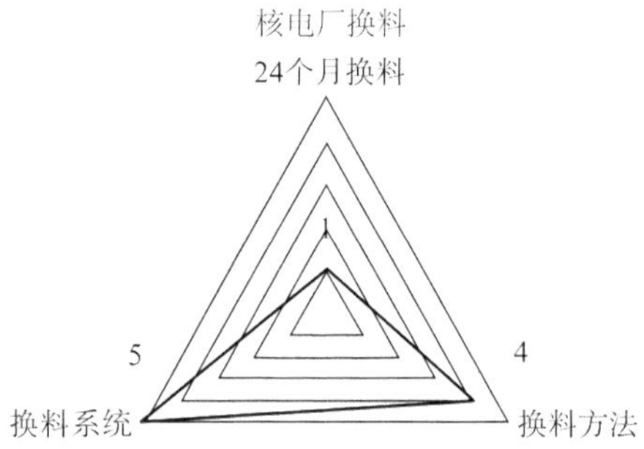

图 15　技术类别—专利申请数量分布图

料系统、换料方法及 24 个月换料 3 个技术类别，具体为：换料系统 5 件，换料方法 4 件，24 个月换料 1 件。

由此可见：中核集团中国核动力研究设计院专利布局主要集中在核电厂换料系统、换料方法和 24 个月换料三个方面。

4.2.7　芯块检测

截至 2017 年 10 月 15 日，中核集团中国核动力研究设计院在国内就 ACP600 反应堆一回路及系统设计中关于芯块检测方面重点关注的技术内容提出 3 件专利申请。

三件专利申请都是关于芯块检测装置技术方面。

由此可见：中核集团中国核动力研究设计院专利布局以芯块检测装置技术内容为核心，针对性的进行了专利布局。

4.3　法律状态

截至 2017 年 10 月 15 日，中核集团中国核动力研究设计院在国内就 ACP600 反应堆一回路及系统设计中核动力院重点关注的技术内容提出 74 件专利申请，其专利申请法律状态情况，如图 16 所示。

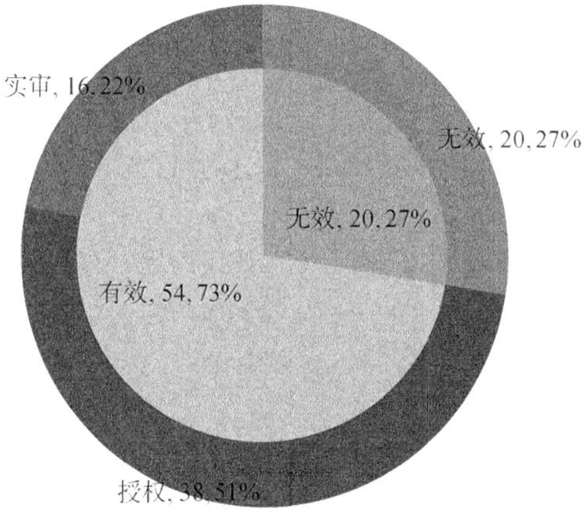

图 16　法律状态情况图

从图 16 中可以看出，中核集团中国核动力研究设计院 74 件专利申请中，授权并维持有效的专利 38 件，占总量 51%，处于实审阶段的专利申请 16 件，占总量 22%，无效专利申请或专利 20 件，占总量 27%。

由此可见：中核集团中国核动力研究设计院提出关于 ACP600 反应堆一回路及系统设计中核动力院重点关注的技术内容的专利申请中，获得授权的专利已经超过一半，可以预期，在未来 1～2 年内，获得授权的专利比率将越来越高。

4.4 小　结

截至 2017 年 10 月 15 日，在国内中核集团中国核动力研究设计院就 ACP600 反应堆一回路及系统设计中核动力院重点关注的技术内容共提出 74 件专利申请，其中，接近 80%的专利申请在 2012—2014 年提出；堆内构件、蒸汽发生器、控制棒驱动机构、堆芯控制、核电厂换料、芯块检测六个技术领域都提出了专利申请，并且超过50%的专利申请已经获得授权。

5 总结

本报告在详细解读合同技术规格书中ACP600堆型重点关注的六块技术内容后，结合具体技术创新点及关注方向，并与技术人员进行了详细沟通，最终确定了检索目标、检索范围及检索关键词，制定了技术图谱以及相应的检索策略。

在得到基础的检索数据后，再次进行检索评估，以保证专利文献的查准和查全，对于已获得的专利文献，为了提高查准率，进行专利去噪处理，根据噪声与课题研究内容的关系，将噪声划分为绝对噪声和相对噪声，去除噪声专利文献，最终获取到307篇专利/专利申请。

本报告首先从整体角度对上述307篇专利/专利申请进行了分析，包括申请年代、技术类别、主要申请人和法律状况四个维度进行了分析。

从申请年和申请人情况来看，国外申请人就ACP600重点关注技术在我国申请的专利数量相对较少，符合国外公司在华专利布局的精准策略。国外申请人在华专利布局时间较早，从1985年我国建立专利制度以来便开始了持续性专利布局工作，从专利申请数量上来看，主要分为三个阶段。其布局特点为布局起步早，持续性强，布局时间点掌握的准，选择在我国核电高速发展的时间段进行大规模性布局，其专利布局的大局观和布局战略性值得我们参考借鉴，国外申请人所布局的专利情况也值得我们持续跟踪和关注。

国内申请人对ACP600重点关注技术的布局时从我国完成了三代

AP1000 核电技术的引进开始的，这阶段三代核电技术已趋于成熟，关于压水堆的专利布局工作开展的十分火热，使得 2011 和 2012 年的专利量达到了峰值。在 2016 年，由于 ACP600 等研究堆的技术储备条件成熟，堆内构件、蒸汽发生器、控制棒驱动机构等关键技术有所突破进展，因此国内专利布局明显增加，我国申请人的专利申请数量激增，与 ACP600 堆型项目研发的周期正好相匹配。

国内主要申请人包括中核集团、中广核集团、上海核工程研究设计院和清华大学等。其中，中核集团的专利量明显多于其他申请人，共计 114 件专利/专利申请，中广核集团和上海核工程研究设计院的专利量分别排在第二和第三位，清华大学的专利量位列第四，其余申请人数量较少。

其次，在上述 307 件专利/专利申请中，堆内构件相关专利/专利申请 50 件，蒸汽发生器相关专利/专利申请 56 件，控制棒驱动机构相关专利/专利申请 35 件，堆芯控制相关专利/专利申请 86 件，核电厂换料相关专利/专利申请 52 件，芯块检测相关专利/专利申请 28 件。从上述六个技术分类中深度分析每个技术分类的专利态势，分别从申请年代、更细致的技术分类、主要申请人和法律状况进行分析，得到每个大技术分类的更加细致和精准的态势分析，使得相关领域技术人员可以更加清晰的把握其技术领域的技术发展态势，为更深一步的科研研发和专利布局打下良好的基础。

知识产权的布局原则，可以分别从知识产权自身的角度与企业的角度来考虑，从知识产权自身的角度，我们主要考虑布局的全面性、针对性和市场性（地域性）；而从企业的角度，我们主要考虑布局的完整性、独占性和共享性。在知识产权的布局过程中，我们要兼顾企业与知识产权自身两方面，既能满足企业的相应要求，又能符合知识产权自身的要求。

SiC陶瓷材料用于事故容错燃料包壳的专利竞争格局与发展趋势

中国核科技信息与经济研究院核工业知识产权研究所
陈晓菲

摘　要： 燃料包壳是事故容错燃料研制成功的一大核心因素。SiC陶瓷材料具有高热导率、高温抗氧化性好、高硬度、低中子俘获截面等优点，在事故容错燃料包壳中具有广阔的应用前景。本项目从专利视角出发，同时结合非专利文献，深入研究了全球关于SiC燃料包壳技术的专利竞争格局与发展趋势。通过定量分析上述专利的国家分布、专利申请人以及技术特点等方面，论证了国际专利竞争呈现法国与美国双雄争霸的现象。同时揭示了SiC燃料包壳的密封连接、结构设计的优化以及大尺寸包壳制备是未来研发重点，并为我国应对策略提出了一定建议。本项目的研究对我国相关技术自主创新具有重要意义。

关键词： SiC；事故容错燃料；燃料包壳；专利

1　引言

安全性与经济性是核电产业的生存与发展的基石，而核燃料更是核电安全的源头。我国在《能源技术革命创新行动计划 2016～2030》与《能源技术革命重点创新行动路线图》中明确了事故容错燃料（ATF）的研发任务。ATF 能够在反应堆正常运行工况下维持或提高燃料性能，并在事故发生后相当长一段时间内维持堆芯完整性。ATF 将从根本上提高核反应堆安全性能，抵御严重事故，有效缓解事故后果，是近 50 年以来核燃料领域的一次重大技术革命。

燃料包壳是 ATF 研制成功的一大核心因素。降低包壳与蒸汽的反应速率、提高包壳的力学性能是 ATF 的终极目标。因此，ATF 燃料包壳的基本设计要求是：①满足燃料设计、性能和可靠性要求；②在高温和正常运行工况下能够维持堆芯的冷却能力和堆芯完整性；③在事故工况下具有较强的抗蒸汽氧化性能同时降低氢气的产生，避免氢爆[1]。基于上述设计要求，目前主要有两种 ATF 燃料包壳设计思路：①包壳材料仍然为锆合金，通过在锆合金包壳管外部制备涂层从而提高包壳的抗氧化能力；②研发新型燃料包壳。

碳化硅（SiC）陶瓷材料由于自身的特点，可以满足上述 ATF 燃料包壳的基本要求，在 ATF 燃料包壳中具有广阔的应用前景。SiC 具有高热导率、高温蒸汽腐蚀动力低、高温抗氧化性好、高硬度、低中子俘获截面、辐照稳定性好等优点。尤其是 SiC 纤维增韧的 SiC 复合（SiC_f-SiC）陶瓷材料，进一步改善了单晶 SiC 的断裂韧性和蠕变抗性。因此，SiC 陶瓷材料既可以作为传统锆合金包壳的涂层，也可以单独作为一种新型 ATF 燃料包壳材料。

专利文献汇集了大量专业技术和商业信息，是重要的科技情报来源，是预测未来技术发展趋势的有效手段。通过分析专利文献，同时跟踪竞争对手，能够形成对国家、行业、企业生产、经营决策有重要意义的情报。因此，本项目从专利视角出发，结合 SiC 陶瓷 ATF 燃料包壳相关技术领域的全球专利，从技术和竞争不同角度进行定量和定性分析，探究当前技术竞争格局与发展趋势，并对我国相关技术自主创新策略提出一定建议。

2 研究方法

本项目研究方法采用专利文献定量分析法与非专利文献调研相结合。其中专利检索的范围为技术方案披露了 SiC 陶瓷燃料包壳结构和成分的全球专利。数据来源包括中国国家知识产权局专利数据库、欧洲专利局专利数据库等全球主要专利数据库。检索的截止日期为 2019 年 1 月 31 日。

3 研究结果

3.1 全球专利技术来源地申请趋势分析

为了揭示 SiC 燃料包壳技术全球专利竞争格局，本项目首先研究了全球不同技术来源地的有关 SiC 专利申请变化量，结果如图 1 所示。

图 1 表明，相关技术专利申请量呈现了"断代"的现象。早期相关专利来源于美国和英国。美国最早于 1958 年对相关技术进行了专利申请；英国紧随其后，于 1962 年进行了专利申请。之后进入专利申请量的停滞期。直至 2003 年法国进行了相关专利的申请，专利申请量又进入了发展期，各国开始广泛布局。我国从 2005 年开始申请了第一件专利，截至 2019 年 3 月 1 日，共有 16 件相关专利。与外国竞争差距明显。

图 1 反映的专利量变化量与技术发展趋势相同。1944 年，美国原

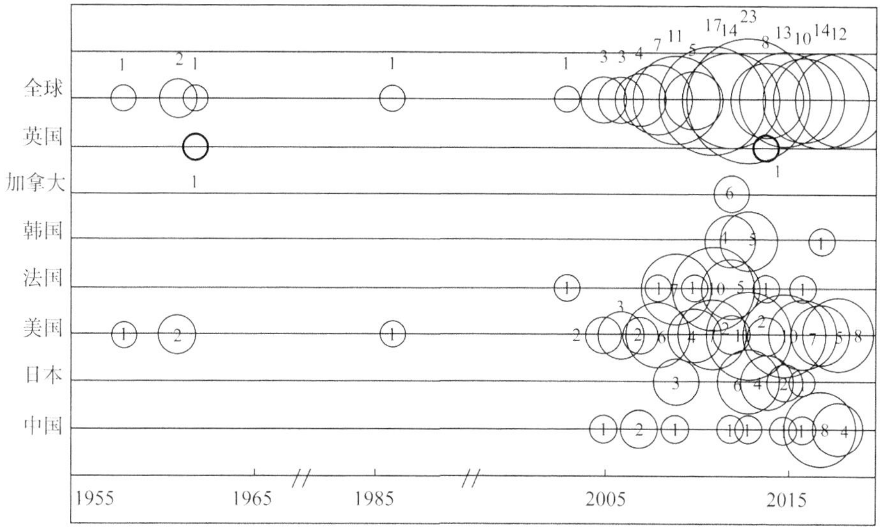

图 1　全球技术来源地专利申请量变化趋势图

子能委员会一位研究员首次提出气冷堆的概念设计。高温气冷堆的典型特征是陶瓷三重各向同性包覆颗粒燃料（TRISO），其中 SiC 作为包覆材料。因此美国基于此设计对 SiC 燃料包壳进行了较早的专利申请保护。

3.2　全球专利主要申请人分析

基于上述技术来源地的分析，本项目进一步分析了全球范围内的主要专利申请人。图 2 绘制了 SiC 燃料包壳相关技术专利申请量排名前 5 位的全球申请人，以及相应的专利数量和全球总量占比。

图 2 表明，现有专利申请量排名前五位的均为国外相关单位。其中，专利申请量最高的单位是法国原子能委员会，占据全球专利总量的 18%，在单层和三层 SiC 包壳结构的研发方面均有涉及。西屋电气

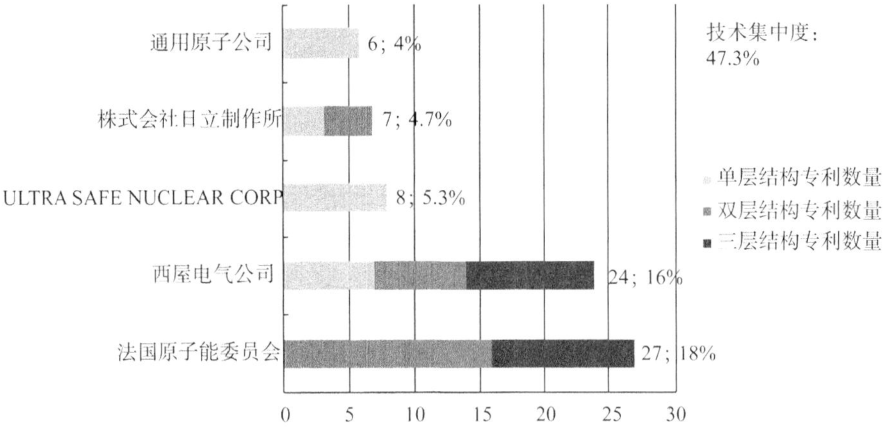

图 2　全球主要申请人及其专利数量占全球总量的百分比

公司紧随其后，专利数量仅相差 3 件，并且研发方面覆盖全面，包括了单层、双层以及三层 SiC 包壳结构。

基于图 2 的结果，还可以分析得到排名前五位的专利申请人技术集中度达到 47.3％。即，前五位专利申请人的专利申请总量占据全球相关专利总量的 47.3％。其余 29 位专利申请人仅申请了 1 件或 2 件专利。由此可见，SiC 燃料包壳专利技术领域呈现了法国、美国、日本申请人高度集中的现象。

3.3　全球专利技术内容分析

本项目进一步从技术内容角度对检索得到的专利进行了分析。图 3 显示了中国和外国申请人在不同技术主题的专利数量，其中内圈代表中国的情况，外圈代表国外。结果表明，中国和外国申请人均在锆合金包壳涂层、核反应堆系统、新型核燃料包壳、燃料元件及组件、核用 SiC 的连接等五个技术主题进行了专利布局。此外，与中国不同，外国申请人还在 SiC 在核反应堆中的应用这一技术主题进行了专利申请。

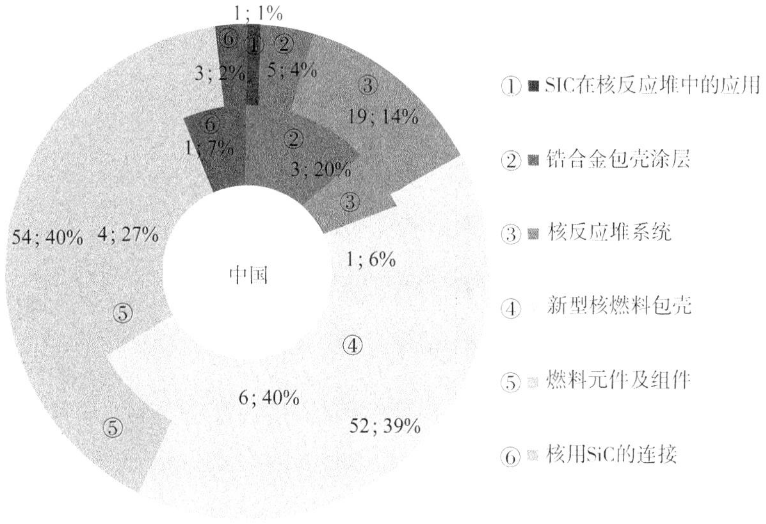

图 3　中国及外国专利技术主题分布，内圈代表中国，外圈代表外国

比较中国和外国不同技术主题的专利分布可以获知，虽然中国专利总量较低，但中国专利申请更多集中在锆合金包壳涂层，对于燃料元件及组件、反应堆系统这两大技术主题的专利申请比例均低于外国申请人。需要注意的是，针对新型核燃料包壳这一技术主题，中国和外国的专利布局比例相当，体现了中国相关研发主体的跟跑意识较强。一方面得益于中国经济和科研实力的迅速提升；另一方面，得益于《事故容错燃料关键技术研究》等一系列国家层面的 ATF 相关科技专项课题的实施。

基于上述技术主题和 ATF 燃料包壳的基本设计思路，本项目从 SiC 作为锆合金包壳涂层、新型燃料包壳两个方面进行技术特征分析，结果如图 4 所示。

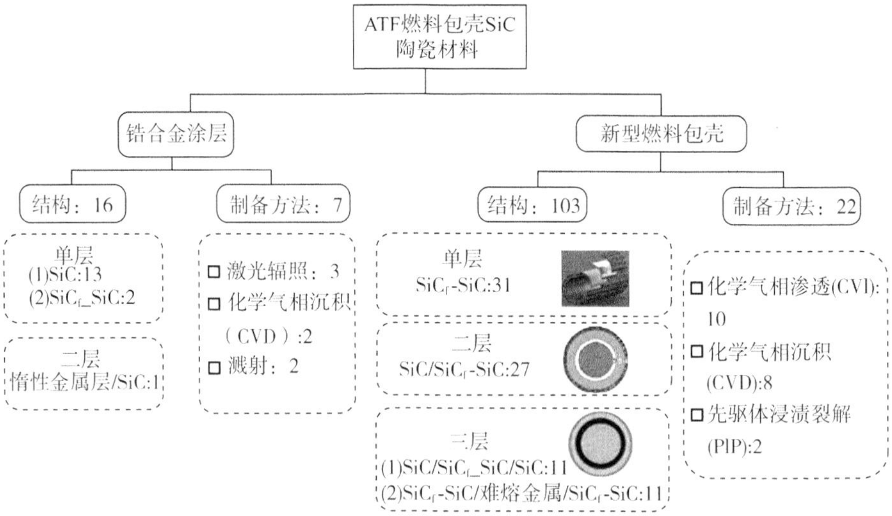

图 4　全球专利技术特征分析，图中数字代表相应专利数量

图 4 表明，关于 SiC 陶瓷材料在 ATF 燃料包壳中的应用，大部分专利布局在新型燃料包壳领域，故本项目主要针对此技术领域进行分析。目前，科学家主要提出了四种新型 SiC 燃料包壳：①单层包壳结构：由单层 SiC_f-SiC 复合陶瓷材料制备得到的包壳管，目前全球共有 31 件相关专利。这种包壳管的主要技术难点是如何制备得到性能稳定的复合材料，尤其是中间界面层的选择。SiC_f-SiC 复合陶瓷材料的结构是由最内层的 SiC 纤维，中间界面以及单晶 SiC 基体通过 3D 编制而成的。中间界面的组成和结构对于复合材料的力学、热学、抗氧化能力以及耐辐照性能均起到至关重要的作用。其不仅为复合材料提供了化学保护，转移纤维和基体的载荷，同时控制着裂纹偏转[2]。另外，此种结构的单层包壳结构疏松，有泄露裂变产物的可能。②二层结构包壳：由外层 SiC_f-SiC 复合材料以及内层单相 SiC 陶瓷的双层包壳管结构组成，目前全球共有 27 件相关专利。这种结构的内层产物主要功能是包覆裂变产物、增强结构强度。而外部复合陶瓷材料的设

计目的是提高包壳管的断裂韧性。③三层包壳结构：目前有两种设计思路，一种是里外层均为 SiC，中间层为 SiC_f-SiC 复合材料，目前有 11 件全球专利；另一种是里外层均为 SiC_f-SiC 复合材料，中间层为难熔金属，目前全球专利有 11 件。三层包壳结构的内层用来包容裂变产物，外层能够防止冷却剂进到包壳内部腐蚀中间层，中间层则为整个包壳保证了延展性和假塑性。

关于新型燃料包壳的制备方法，主要采用的是化学气相渗透（CVI）和化学气相沉积（CVD）方法，相关专利数量分别为 10 件和 8 件。而先驱体涂覆裂解法则较少被采用，仅检索到 2 件专利。这一结果与文献调研得到的结果相符。CVI 工艺是利用载气将反应室内的气态先驱体通过扩散作用渗入到纤维预制体的孔隙中，在纤维表面发生化学反应沉积 SiC 基体。CVI 方法制备 SiC 复合陶瓷材料的特点主要有以下两点：①通常在低温低压下进行渗透反应，材料内部残余应力较小；②制备得到的 SiC 基体近化学计量比，纯度和结晶度高。目前 CVI 方法的瓶颈在于制备成本高以及孔隙率有待降低。CVD 方法适用于对纤维进行涂层制备的主要原因一是由于原理简单：将几种气态物质输运至加热的纤维表面并在其上发生化学反应，生成物沉积在纤维表面形成界面涂层。二是能够在较低温度和压力下制备，对纤维的损害小。三是原料简单易得，气态先驱体的原料较为常见[2]。

图 4 的结果还表明，全球专利对于 SiC 陶瓷材料作为锆合金涂层主要采用的是单层 SiC，制备方法主要包括激光辐照、CVD 以及溅射。

3.4 全球专利综合价值分析

为了实现将专利这一无形资产进行有形定量评估，本项目结合专利的技术、法律、市场价值三个主要方面，借助 DPI 大为专利指数分析工具对相关全球专利进行综合评估。

DPI 大为专利指数主要基于专利指标理论研究，以全球专利数据科学客观评价专利质量，最终得到 DPI 大为专利综合指数。综合指数的计算来自于 5 个细分指数：技术指数、法律指数、战略指数、市场指数以及经济指数。通过对上述 5 个细分指数赋予不同的权重值，加权平均得到 DPI 大为专利指数，分析结果如图 5 所示。图中专利星级越高，代表专利价值越高。

主要申请人	专利数	占比
通用原子	5	23%
法国原子能委员会	5	23%
美国圣地亚国家实验室	3	14%
UT-BATTELLE	3	14%
ULTRA SAFE NUCLEAR CORP	2	9%
西屋	2	9%
美国LOGOS公司	1	5%
日本东芝能源	1	5%

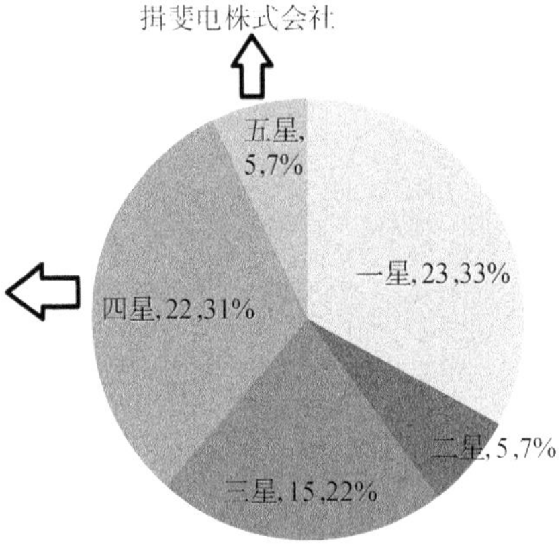

图 5　全球相关专利综合价值分析

图 5 表明，全球相关专利有 5 件达到 5 星，价值最高，并且全部来自日本揖斐电株式会社。价值较高的 4 星级专利有 22 件，申请人如图 5 左侧所示。美国通用原子和法国原子能委员会各拥有 5 件，二者集中了 46％的 4 星级专利。结合图 2 关于全球主要申请人的分析可知，通用原子虽然仅仅申请了 6 件相关专利，但大多数均为高价值专利，研发实力较强。法国原子能委员会和美国通用原子呈现了“双雄争霸”的竞争格局。

3.5 全球专利法律状态分析

基于专利法律状态的分析，可以为专利信息的利用、专利许可转让等方面提供法律依据，从而实现规避侵权风险，维护自身利益。如图 6 所示，全球所有专利中，大多数专利处于审中状态，达 59 件，占总量的 39%。处于有效的专利有 54 件，占总量的 36%。另有 37 件专利处于无效状态。对于无效的专利，我国相关科研单位可以大胆利用其中仍然有价值的技术方案，在此基础上进一步进行自主创新。对于审中和有效的专利，在技术研发阶段需要特别注意避免侵权；并且对于其中有异议的专利，要主动向国家知识产权局提出异议或者无效，排除潜在风险。

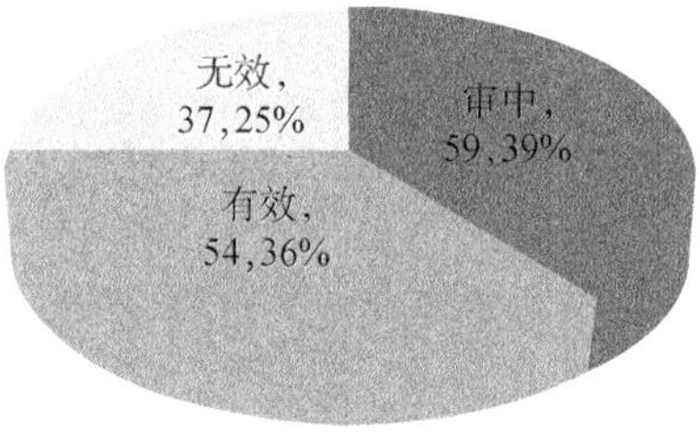

图 6　全球专利法律状态分析

4 技术发展趋势

图 3 和图 4 的分析结果表明，目前全球绝大多数专利的技术方案均为基于 SiC 陶瓷材料的新型燃料包壳，而单纯作为传统锆合金包壳涂层的技术方案较少。因此本项目针对前者进行了技术发展趋势分析。

4.1 SiC 管材的连接

由于 SiC 陶瓷材料作为燃料包壳管无法一体化成型，必须要和自身或其他构件连接，因此 SiC 陶瓷燃料包壳实际应用面临的一大关键问题是管材如何密封连接。为了实现包壳管能够包容裂变产物，SiC 包壳管的密封接头必须达到在辐照和冷却剂环境下均不损坏的效果。结合图 3 的结果，目前全球仅有少量关于 SiC 包壳管连接的专利申请，这一问题尚未得到根本解决。核用 SiC 管材连接的现有主要问题有两方面：一是用于连接的材料耐辐照性能差；二是没有建立国际标准的测试实验方法。因此，密封连接是未来 SiC 材料在 ATF 燃料包壳中应用的一大技术趋势。我国相关研发主体可以借鉴非核应用中的连接方式，如反应粘合、陶瓷先驱体连接等方法[3]，对连接方法、连接层材料、连接强度以及工艺参数等进行进一步探索，同时进行入堆辐照实验。

4.2 双层包壳的结构设计

ATF 新型 SiC 材料燃料包壳的结构设计是相关技术发展的基础问题。尽管图 4 中总结了现有关于 ATF 新型 SiC 燃料包壳的结构有单层、双层以及三层，但是已有研究结果表明，相对于其他结构，内层为 SiC_f-SiC 复合材料，外层为单相 SiC 的双层包壳结构性能更优异[1]。这种双层包壳的高温抗腐蚀性能强，力学性能好，失效概率低。未来，相关研发单位应当基于上述研究结果，进一步优化 SiC 燃料包壳的结构，并揭示辐照对包壳的影响。

4.3 大尺寸 SiC 燃料包壳的制备

根据图 4 的结果，目前 SiC 陶瓷材料作为燃料包壳的制备方法主要是 CVI 和 CVD，但是这两种方法成本过高，并且制备周期无法满足大尺寸、大规模的燃料包壳制备。因此 SiC 陶瓷材料燃料包壳的一大技术发展趋势是如何改进制备方法。目前可供尝试的新型制备方法包括纳米渗透瞬态共结晶（NITE）方法结合热等静压技术[4]。这种方法成本低，并且制备得到的 SiC_f-SiC 复合材料近化学计量比，满足堆用要求。

5 我国 SiC 燃料包壳自主创新发展建议

5.1 加强顶层设计，完善产学研结合

通过上文专利分析可知，当前我国尚未形成完备的产学研相结合的 SiC 陶瓷燃料包壳技术创新体系，产学研各方缺乏有效的合作方式和渠道。因此，亟待加强国家层面 SiC 陶瓷燃料包壳发展的顶层设计，成立能够协调全国相关产业化布局的实体机构。充分利用高校的硬件实验设备和智力资源，以及企业对市场敏锐的洞察力，完善产学研相结合的技术创新体系建设。针对具体不同的技术领域，应当选择最适合的产学研合作模式，实现优势互补和互利共赢，集中进行科技攻关和人才培养，真正打通创新链条。同时，通过产学研合作，及早制定 SiC 陶瓷燃料包壳产业化发展的路线，建立 SiC 燃料包壳制备参数与过程的国家标准。

5.2 重视海外专利布局和人才引进，促进国际合作

欧美等核电大国在包括中国在内的全球多个目的地进行了专利布局，而我国申请人尚未进行中国以外的国际专利布局。在当前“核电走出去”大背景下，我国相关主体要建立国际视野，重视海外专利布局。坚持开放、包容、国际合作的态度，积极开展 SiC 陶瓷燃料包壳的技术、人才、项目合作，争取合作共赢。同时，我国应当重视海外人才的引进工作，吸纳海外回国优秀人才，积极开展技术研发。

5.3 加强重点技术研发，跟踪国际主要创新主体专利布局

我国在 SiC 陶瓷材料燃料包壳领域虽然起步较晚，但可以在国外相关现有技术的基础上，在本文第四部分未来发展趋势上进行重点研发，制定中长期研发以及专利布局规划，实现跟跑，甚至领跑。加强对 SiC 新型燃料包壳的结构设计，针对中国 ATF 发展现状，形成有中国特点的技术路线。对国际主要创新主体，要进行密切关注跟踪，尤其是在燃料元件、燃料包壳领域的专利布局，防止侵权。

6 结论

燃料包壳问题是发展 ATF 的关键问题，SiC 陶瓷材料为 ATF 燃料包壳提供了一种新的方案，是全球聚焦的热点，我国在相关领域也应当始终走在发展趋势的最前沿。积极研发 SiC 燃料包壳，既是我国核领域自主创新的客观需要，也是建设核工业强国的重要基石。本项目说明了当前相关专利全球技术竞争格局和发展趋势。法国、美国和

日本三大巨头分割当前竞争格局。未来 SiC 燃料包壳技术的新发展趋势将集中在密封连接、结构设计的优化以及大尺寸包壳制备领域。我国研发主体要做好长期攻关的准备，加强顶层设计，建立国际眼光，完善产学研结合，积极进行技术研发和专利布局，从而在未来市场竞争中占据重要地位。

参考文献

[1] 刘俊凯，张新虎，恽迪．事故容错燃料包壳候选材料的研究现状及展望［J］．材料导报，2018，32（6）：1757-1778.

[2] 于海蛟．多层界面制备、表征及其对 SiC_f/SiC 复合材料性能的影响［D］．北京：国防科学技术大学，2011.

[3] Ferraris M，Badini C，Montorsi M，et al. Joining of SiC_f/SiC composites for thermonuclear fusion reactors［J］．Journal of Nuclear Materials，1994，s 212 - 215（6）：1613-1616.

[4] 程亮，张鹏程．典型事故容错轻水堆燃料包壳候选材料 SiC_f/SiC 复合材料和 Mo 合金的研究进展［J］．材料导报，2018，32（13）：2161-2166.

新时代国有企业深化改革研究

中国核科技信息与经济研究院核工业战略研究所
周超然　张　明　陆浩然

摘　要：本文概述了我国关于国有企业深化改革的政策环境，指出了国有企业深化改革面临的问题。要推进治理能力现代化，深化市场化经营机制改革，更好更快发展混合所有制经济，加快科研院所改革。最后提出了加强党的领导、做好组织保障与顶层谋划、建立完善容错机制等保障措施。

关键词：国有企业；深化改革；公司治理；市场化经营机制；混合所有制；科研院所改革

1　国家深化改革政策环境

1.1　国企改革重要意义

国有企业是推进国家现代化、保障人民共同利益的重要力量，是党和国家事业发展的重要物质基础和政治基础。深化国有企业改革，做强做优做大，对坚持和发展中国特色社会主义、实现“两个一百年”奋斗目标具有十分重要的意义。深化国有企业改革是坚持和发展中国特色社会主义的必然要求。深化国有企业改革是实现“两个一百年”奋斗目标的重大任务。深化国有企业改革是推动我国经济持续健康发展的客观要求。

1.2 国企改革总体要求

党的十九大指出，“要完善各类国有资产管理体制，改革国有资本授权经营体制，加快国有经济布局优化、结构调整、战略性重组，促进国有资产保值增值，推动国有资本做强做优做大，有效防止国有资产流失。深化国有企业改革，发展混合所有制经济，培育具有全球竞争力的世界一流企业。”这是在新的历史起点上，以习近平同志为核心的党中央对国有企业改革作出的重大部署，为新时代国有企业改革指明了方向，提供了根本遵循，也是国有企业深化改革的重要指导思想。

1.3 国企改革主要成绩

党的十八大以来，国企系统特别是中央企业认真贯彻落实党中央、国务院的部署要求，扎实推动国企改革不断向纵深发展，国企改革全面推进、重点突破、亮点纷呈、成效显著。一是国企改革顶层设计基本完成，改革系统整体性协同性不断增强。党中央、国务院颁布了《关于深化国有企业改革的指导意见》，出台了 22 个配套文件，搭建了顶层设计和四梁八柱的大框架。二是国企改革重大举措相继落地，重点难点问题不断取得新突破。全国国有企业公司制改制面达

90%以上，中央企业各级子企业公司制改制面达92%。三是国企改革红利逐渐释放，成效日趋明显。截至2017年年底，中央企业资产总额达到54.5万亿元，和“十二五”相比增长了95%；中央企业累计实现营业收入26.4万亿元，同比增长13.3%，实现利润1.4万亿元，同比增长15.2%，增速创五年来最好水平。

2 深化改革面临的问题

目前国有企业在改革发展的各个方面仍然存在着较多问题与挑战：

一是供给侧结构性矛盾日益凸显，社会、市场对企业的要求更高，企业的质量变革、效率变革和动力变革更为紧迫。

二是国有企业科技创新的技术基础与积累不足，对产业经济的驱动力和贡献率还有待进一步加强，科技成果的转化机制有待进一步完善。

三是现代企业制度建设不完善，董事监事队伍有待加强，以董事会为核心的治理体系还没有形成。

四是市场化经营机制仍未健全，国有企业发展的活力、动力和干事创业的机制和氛围有待进一步增强。

五是依法治企观念不到位，常以行政命令替代市场规律，导致产权关系不清、管理方式混乱。

3 改革举措

3.1 推进治理能力现代化

（1）完善公司法人治理结构

强调落实董事会权利。加强董事会内部制衡约束。建立专业的董监事队伍。强化对董事会董事管理。完善外派监事会的监督模式。

（2）把党组织内嵌到公司治理结构

将党建工作总体要求纳入公司章程。完善“双向进入、交叉任职”的领导体制。明确党组织研究讨论是董事会经理层决策重大问题的前置程序。处理好党组织和其他治理主体的关系，明确权责边界。

（3）深化授权经营改革

简政放权，加大经营授权力度，努力落实二级企事业单位市场主体、经营主体、竞争主体的定位，针对不同子公司的特点，把该放的权力放下去、放到位，激发子公司的发展活力和动力，不断提升管理效率和经营效益。

（4）强化监督管理与考核评价

建立完善与大放权相匹配的大监督体系。按照“集中资源、提高效率、职能明确、责任落实、全面监督、统一归口”的原则，整合国有企业财务、审计与纪检监察、巡视等监督力量，实现事前规范制度、事中加强监控、事后强化问责。考核评价以绩效考核为主。考核指标要进行市场对标。考核对象要注意差异化。考核要落地落实，具有公信力，与激励机制挂钩。

3.2 深化市场化经营机制改革

（1）深化干部人事制度改革

合理控制党组管干部数量及比例，调整优化组织关系，减少党组管理干部员额，适当下放干部管理权限及范围。完善领导干部选拔任用方式，把组织选拔与市场化选聘有机结合起来，在市场化程度高的二级单位和成员单位，建立市场化选人、市场化考核、市场化激励的模式设计，对领导人员实行契约化管理，与现行干部级别管理脱钩，探索建立职业经理人制度，分步实施。强化领导班子和领导人员任期（年度）经营业绩考核，加大考核力度，未完成考核指标的，根据具体情况相应扣减年薪、降职、免职。实施差异化的用工形式，探索建立能进能出的用工机制。

（2）深化市场化收入分配制度改革

探索建立党组管干部统一薪酬体系，确保干部顺畅流动。拓展职业发展通道，探索建立差异化薪酬分配体系。建立技术人员离岗创业、技术骨干企业内岗位交流、公司内兼职取酬的灵活机制。按照市场化对标，建立海外开发人才、市场化选聘高级经营人才、金融人才、资本运作人才的特殊薪酬办法。

3.3 发展混合所有制经济

（1）分类分层推进混合所有制改革

分类设定不同持股比例，经营性业务保持控股地位，投资性业务保持第一大股东地位。对于核心主导产业，国有企业在产业公司层面保持控股地位。非核心三级以下子企业混改，可以让渡控股权，以财务投资者身份获取投资收益。

（2）引入外部资本积极促进股权多元化

通过增资扩股、股权转让等多种形式积极引入具备战略协同作用的国内外优质战略投资者，推进上市公司交叉持股，提高资产证券化率，借助战略投资者核心能力迅速提升国有企业国际竞争力，促进企业间战略协同效应的发挥。

（3）加大对外股权投资力度

各单位围绕自身主业及高相关性战略新兴产业，灵活运用多种并购手段和并购资金来源，推动股权投资和并购重组，形成核心竞争优势。推进对外战略投资，与外部优势企业进行股权融合、战略合作、资源整合。

（4）探索混合所有制企业员工持股

支持人才资本和技术要素贡献占比较高的转制科研院所、高新技术企业、科技服务型企业开展员工持股试点。完善相关政策，健全审核程序，规范操作流程，严格资产评估，建立健全股权流转和退出机制，确保员工持股公开透明，严禁暗箱操作，防止利益输送。

3.4 加快科研院所体制机制改革

（1）形成产学研一体化发展模式

科研院所充分发挥本单位科技研发技术的核心竞争力优势，建立“以研带产、以产促研”的产学研用一体化核科技产业体系，推进技术与产业深度融合发展，支持有条件的单位探索形成产学研一体化发展的产业集团模式。

（2）推进科研院所改革试点

选择具备条件的科研单位开展改革试点，提供可复制可推广改革经验。推动院带厂发展模式试点；推动院所设立产业公司试点，采用混合所有制、聘用职业经理人等市场化制度；推动“一所两制”试点，保留事业单位牌子，实行企业化运作方式。

4 保障措施

4.1 加强党的领导

充分发挥国有企业党组和各级党组织总揽全局、协调各方的领导核心作用，把发挥党的政治优势同运用市场机制结合起来，调动各方面的积极性，形成合力，确保企业各项深化改革措施顺利完成。

4.2 做好组织保障与顶层谋划

成立深化改革领导小组及办公室，出台深化改革专项行动计划，形成重点任务工作台账与年度工作要点。各单位要有专门改革工作机构，抽调配备精兵强将落实工作。加快出台一系列推动深化改革的总体改革方案、各专项改革方案，多项配套政策措施助力改革稳步推进。鼓励各单位因地制宜，大胆探索，主动出台相关改革文件。

4.3 建立完善容错机制

树立“容人、容错、纠错”理念，建立配套机制积极鼓励创新。要把干部在改革创新发展过程中的“失误和错误”，与“违法违纪行为”区分开来，能够根据实际情况宽容对待，免于或从轻定责。

参考文献

[1] 如何理解全面深化改革［M］．党的十九大报告学习辅导百问．北京：党建读物出版社，2017.

[2] 党的十八大以来国企改革取得显著成绩［EB/OL］（2017-07-27）．http：//www. sasac. gov. cn/n2588025/n2588119/c7452792/content. html.

中国核工业集团有限公司绩效考核改进措施研究

中国核科技信息与经济研究院核工业战略研究所
孔德泰　骆　毅

摘　要：中国核工业集团有限公司（以下简称“集团公司”）经过重组，制定了新时代的发展战略，对绩效考核提出了更高的要求。为支撑集团公司中长期发展目标的实现，本研究在广泛调研的基础上，分析出集团公司绩效考核中激励力度不足的问题，并提出相关改进措施。

关键词：绩效考核

1　新时代集团公司绩效考核的要求

1.1　外部环境要求

新时代党中央、国资委对国有企业发展的部署，对集团公司的绩效考核体系提出了更高的要求。

（1）做强做优做大国有资本

要求集团公司通过绩效考核推动集团聚焦主业，做强主业，做大资本运作规模，并实施国际化发展战略。

党的“十九大”明确提出，要坚定不移搞好国有企业，做强做优做大国有资本。积极推动国有经济布局优化、结构调整、战略性重组，深化国有资本投资、运营公司试点，发展混合所有制经济，进一步增强活力、激发动力、释放红利、放大国有资本功能，做强做优做大国有资本。

同时，全面贯彻新发展理念，发挥中央企业在供给侧结构性改革中的带动作用，落实“三去一降一补”任务，提质增效。在落实过程中，激励与约束并重，完善干部考核评价机制。

（2）实现高质量发展

要求集团公司重视对降低生产运营成本以及 EVA 指标的考核，并通过绩效考核提升内部管理效率，改进经营短板，解决好历史遗留问题，并激发组织创新活力，提升经营质量和管理质量。

习近平总书记对国有企业高质量发展做出多项重要论述。在科技创新领域，要推动企业成为技术创新决策、研发投入、科研组织和成果转化的主体，培育一批核心能力突出、集成创新能力强的创新型领军企业。在优化国有企业高质量发展整体布局方面，要加快国有企业经济布局优化、结构调整、战略重组，开展专业化整合，同时加快处置低效无用资产，加快处理历史遗留问题，有效提升企业运营质量和效率。

1.2 中核集团定位及发展要求

（1）集团公司定位

集团公司发展始终围绕核工业是高科技战略产业，国家安全重要基石这一战略定位，更好地推进战略核力量建设和核能开发利用，坚持安全发展、创新发展和军民融合发展，提升发展质量，加快发展速度，做强做优做大。

（2）集团公司发展要求

谋划好新时代发展战略，坚持科技创新驱动，坚持高质量发展，并加强党的建设。

1）在绩效考核方面，要通过考核和激励推动集团公司中长期发展目标的实现，在全面高质量完成军工科研生产任务的基础上，确保经济指标和重点任务的完成。当前，集团公司经营成果，距离“十三五”以及未来发展目标仍存在一定差距，需要通过绩效考核措施引导集团各单位在战略目标上统一思想、调动全员积极性、增强集团公司市场化竞争活力，促进集团公司中长期发展目标的实现。

2）在市场对标方面，要加强市场对标针对性考核，明确考核指标的个性化与共性。优化考核激励机制，拉大考核差距，通过考核合理分配资源。未来，将市场化对标作为考核核心，研究市场，以市场对标结果评价单位的管理经营成果。

2 集团公司绩效考核体系现状及问题

2.1 集团公司绩效考核体系现状

集团公司绩效考核管理工作自 2012 年 8 月启动、2013 年正式实施以来，已历经六年时间。在集团公司总经理部的领导下，在总部各部门和各级成员单位的大力支持下，绩效考核管理理念已深入人心，绩效考核工作方法已覆盖到集团公司各个层面，绩效考核运转成效已体现在集团公司经营发展的各个环节。从总体效果来看，绩效考核一体化工作确已起到了“激励”“导向”“融合”三大作用，有效提升了集团的整体管理水平，通过六年的推行，集团公司的生产经营活动全面受控，经济运行态势总体平稳上升，科学决策体系不断完善，规划引领作用逐步增强，员工积极性明显提高。

2.2 存在的问题

（1）问题概述

为更好地了解集团公司绩效考核中的激励效果情况，课题组针对集团公司整体情况进行了多次问卷调查及实地调研。其中，针对集团整体的问卷调查，共回收 3 266 份有效问卷。

所有的问题可以归为四大类，即：JYK 考核、薪酬满意度、干事的机制体制、荣誉情感对员工懒惰行为的影响。为了检验影响员工不积极工作的因素，课题组将员工敬业度和组织公民行为的得分进行转化，转化为“没有敬业度”和“没有组织公民行为”两个指标来测量员工的懒惰行为，本项目运用 spss20.0 进行多元回归分析，回归结果如表 1 所示。

表 1　多元回归结果

自变量	没有敬业度		没有组织公民行为	
	非标准化系数	T 值	非标准化系数	T 值
截距	6.87	71.760	4.246	37.667
性别	−0.041	−2.066	−0.091	−3.904
年龄	0.031	3.351	−0.039	−3.537
学历	−0.007	−0.456	0.053	2.834
工作年限	0.009	1.051	0.034	3.474
JYK 考核	−0.127	−26.2	−0.072	−5.086

续表

自变量	没有敬业度		没有组织公民行为	
	非标准化系数	T 值	非标准化系数	T 值
薪酬满意度	0.381	2.253	0.216	7.41
干事的机制体制	0.508	−1.203	0.288	2.446
荣誉情感	−0.254	−43.332	−0.144	−35.258
调整的 R 方	0.773		0.484	
F 值	1391.739		383.210	

结果表明，JYK 考核、薪酬满意度、干事的机制体制、荣誉情感对员工的工作积极性均有显著的影响，其影响比例为 1∶3∶4∶2。JYK 考核和荣誉情感对员工的工作积极性呈正向影响，而现有的薪酬满意度和干事的机制体制抑制了员工的工作积极性，并且影响的程度较大。

同时，针对 JYK 本身，课题组也进行了一轮问卷调查（详见附件1）。针对 102 位主管产业发展的局级干部的调研，从心理学角度，随着领导收入的提升，其对薪酬的敏感度会降低，因此，提高收入对其工作的积极性的提升不明显。从回归统计结果可以看出，JYK 考核激励对集团局级领导干部工作积极性影响较弱，相比而言，其更关注工作自主性、被关爱程度和名誉等。

结合两次问卷调查的结果可以看出，JYK 虽然对于员工的工作积极性有一定的激励作用，但经过调研分析，发现 JYK 在实际运作过程中的激励力度不足，下一步需要进一步加大 JYK 的激励力度。下文将分析 JYK 激励力度不足的原因。

（2）问题原因

1）绩效管理尚未形成闭环，资源配置与考核激励未有效衔接

当前集团公司的绩效管理中，从考核目标的确定，到合理资源的保障，到绩效结果评价，再到过程监控纠偏，最后到工资总额的分

配，牵扯到不同的部门，不同的科室。存在考核与计划不统筹，计划与保障不同步的问题。

虽然通过JYK这个手段将整个过程给串起来，但是各个环节目标的确定以及具体执行分散在各个部门、处室。这使得在具体执行过程中无法按照一个目标一以贯之的执行下去，无法形成一个企业层面整体的管理闭式循环。

2）JYK考核导向不够明确，存在“以考代管”“只奖不罚”

JYK体系已基本覆盖集团公司生产经营方方面面，导致体系过于庞大，且纳入考核的范围太广，出现“以考代管”的现象，从而导致考核导向不够精准，激励被冲淡，未达到通过激励组织核心团队、骨干员工从而提升单位业绩的效果。集团公司几乎所有工作都纳入JYK体系，基本覆盖经营管理各个方面，包括经济指标、重点任务（含军工、基建、科研、信息化、资本运作、体制改革、遗留问题等）、计划（46项）、预算（全面预算）、薪酬、任期考核及任命、招聘、培训、党建、安全环保、质量、保密保卫、信访维稳、风险、审计、廉洁从业、节能减排、法治、新闻宣传等。但是对集团公司重点关注的方面，尤其是集团公司“十三五”规划中提及的1 800亿元的经济目标以及30项重点任务等，其考核的权重还显不足，致使考核的“指挥棒”作用大打折扣。

从2013年开始，至2017年，每年JYK考核第一名和最后一名相对于自身上一年收入的增幅分如表2所示。

表2　近5年来集团考核第一名和最后一名考核及收入情况

		2013年	2014年	2015年	2016年	2017年
平均分		80.29	84.98	94.70	96.17	101.41
第一名	得分	93.79	100.14	110.06	119.25	114.98
	增幅	6.23%	6.96%	6.03%	10.60%	10.73%

续表

		2013 年	2014 年	2015 年	2016 年	2017 年
最后一名	得分	65.85	53.05	82.31	87.76	81.50
	降幅	15.0%	15.0%	4.58%	0.36%	0.61%

从统计结果可以看出，JYK 实施的前两年还存在考核结果差，相应收入有所减少的情况，但是近两年，即便考核结果差，工资总额也会少量增长，至少不会下降，考核结果最优秀的，工资总额的增幅也只有10%左右。这与这两年 JYK 考核办法调整有关系。由于重点任务改为加分项，不影响基本考核得分，各单位积极申报增加重点任务，存在“多申报、概率大、多加过程分”的现象。从而造成了考核分数普遍上涨，工资总额也随之上涨。最终造成了奖惩的力度严重不足。

3）奖励分配不够精准，不利于调动关键少数的积极性

集团总部对于各个板块的考核，最终是以分数和工资总额的形式体现。但是各个板块、各三级单位以及三级单位内部，并没有很好地贯彻 JYK 体系。各三级单位以及三级单位内部怎么进行分数和薪酬分配缺乏相应的指导和规范。做出贡献的所有人员都得到了一定的奖励，彼此之间差距不大，这在一定程度上造成了“大锅饭”现象，做出重要贡献的关键人员没有得到应有的奖励，只是关键少数的积极性大打折扣。

3 同行央企绩效考核体系对比分析

3.1 同行央企绩效考核体系归纳

课题组重点调研了与集团公司业务相关的三家外部单位（国家电

力投资集团有限公司（以下简称“国电投”）、国家开发投资集团有限公司（以下简称“国开投”）、中化集团有限公司），经过归纳发现以下特点：

（1）单位考核各有特色

国家电力投资集团有限公司的考核使用KPI体系总体为三分（企业分类、目标分档、责任分工），二挂（领导班子挂钩、工资总额挂钩），一激励。每年分析部门牵头做整个预算，并与财资部一同上会。

国家开发投资集团有限公司的考核关注三类：经营业绩类、战略培育类。

相比而言，中化集团有限公司市场化程度很高，板块与板块间做分类管理，但重点考核经营类，主要看利润总额、任务完成率。

（2）激励力度普遍较大

国家电力投资集团有限公司对于二级单位利润总额对集团贡献较大，设立利润特殊贡献奖。另外，设立集团直接授予三级单位的奖项，其影响力较大。

国家开发投资集团有限公司在工资总额有剩余的情况下设置专项奖，奖励内容包括贡献程度、工作难度、工作效果等，奖励到个人，额度不大，但效果好。

中化集团有限公司，20年来一直是市场化运作，薪酬没有保底的概念，100％的薪酬跟考核有关。

3.2 集团公司绩效考核体系对比

（1）绩效考核管理组织方面

外部集团单位的绩效考核管理集成化程度普遍高于集团公司，如国家开发投资集团有限公司在2016年，将工资总额管理由人力资源部门整合到运营部，绩效管理工作衔接更紧密；国家电力投资集团有限公司的计划预算、考核评价、对标管理以及统计四部分工作，统一整合到计划预算部门管理。

（2）考核激励方法应用方面

外部集团单位的考核激励工作方法与集团公司大体一致，略有不同，具体方法应用取决于各集团市场化程度。如：国电投的考核使用KPI体系，每年分析部门牵头做整个预算，并与财资部一同上会，总部只考核二级单位，不考核下级板块；国开投的考核制度体系主要针对年度考核，工资总额、工资总额专项奖励实施，以及领导的任期绩效考核；中化集团公司实施多元战略管理体系，包括战略管理体系、经理人考核体系、业绩评价体系、全面预算体系、管理报告体系、内部审计体系。

（3）激励力度方面

根据上文分析，课题组调研单位在考核激励中，激励力度普遍高于集团公司。同时，根据相关数据收集结果，相关集团公司，用于绩效考核分配的部分在薪酬中占比普遍高于集团公司，如表 3 所示。

表 3　其他集团绩效工资占薪酬比例

单位	平均绩效工资占薪酬比例
中国核工业集团有限公司	约 20%
国家电力投资集团有限公司	约 40%
国家开发投资集团有限公司	约 40%（薪酬浮动较大）
中国中化集团有限公司	100%（市场化程度很高）
中国石油天然气集团有限公司	约 30%
中国石油化工集团有限公司	约 40%
中国兵器工业集团有限公司	约 40%

4 集团公司绩效考核体系优化

4.1 指导思想和优化原则

（1）指导思想

以习近平新时代中国特色社会主义思想和党的十九大精神为引领，遵循习近平总书记对我国核事业发展的系列重要批示指示精神，落实党中央、各部委提出的供给侧结构性改革、做强做优做大国有资本的战略部署，进一步贯彻落实中央第十巡视组反馈的巡视整改要求。以中核集团重组后的战略目标、发展要求为出发点，通过绩效考核管理激发集团公司运营活力、提升市场竞争力，助力集团公司达到中长期发展目标，实现高质量发展，迈向世界一流。

（2）优化原则

1）简化指标体系

以若干个典型指标反映被考核单位经营状况为目的，对现有的考核指标体系进行简化，更便于考核激励管理人员和被考核人员的理解，从而达到考核指标体系更直观、更易操作的目的。

2）增强考核针对性

结合每个专业化公司、直属单位的特性，对其经济类、服务类的属性进行更准确的定位，在考核激励中重视寻找各单位的短板，通过考核激励提升各单位的综合竞争力。从而使绩效考核体系更贴近各被考核单位的特点。

3）强化激励力度

为提升考核激励手段的有效性，绩效考核体系的优化将根据各考核单位的特点，从关键环节拉大各单位考核结果的差距，提升考核分配的差异性。同时，对考核结果较差的单位提高相应惩罚措施，进一步强化激励力度。

4）稳定与创新并存

集团公司绩效考核体系经过六年的实施和完善，已经形成相对成熟的体系，措施办法已经得到集团内部各单位的肯定和共识，课题组对绩效考核体系的优化将以现有的制度体系为基础，保持一定的稳定性，保障绩效考核实施的可执行性。同时，根据集团公司发展的新要求和形式的变化，做出适当的创新，出台相关更贴近市场化的绩效考核办法，提升绩效考核的适应性和合理性。

（3）调整思路

针对前文集团公司绩效考核体系存在的问题，经过课题组分析，集团公司绩效考核体系的优化主要从简化考核指标、优化指标权重（拉开考核差距）、调整重点任务考核、加强对标管理等几个方面开展。每个方面首先经过分析论证，然后多次与各被考核的二级单位沟通，根据反馈内容调整优化方案，经领导审议，形成终稿。

（4）理论依据

以优化原则为依据，根据不同的调整具体措施参考相关经典理论作为支撑，主要包括绩效管理“SMART”原则、AMO 理论、激发员工创造性理论、帕累托“二八定律”等。

4.2 优化具体措施

（1）指标体系优化研究

1）简化考核指标体系

在基本考核内容方面，指标体系主要分为三类，即“经济指标”、

“能力指标”和“重点任务”。“经济指标”和“能力指标”作为单位考核的基本面（100 分）；“重点任务”定位于国资委考核集团公司的军工任务、科工局确定的军工专项、集团公司“十三五”规划中提出的重点任务以及集团公司根据实际情况临时制定的重点任务。

在经济指标方面，基本保持不变，主要涉及主营收入、利润、EVA 等等指标。在能力指标方面，将其分为两类，一类是针对板块经营中的短板设计考核指标（通过对标的方式完成，称“对标指标”），另一类是重点任务完成率指标。

在重点任务方面，按照以往比例折算成工资，直接奖励工资总额，不纳入单位考核计分体系，并且作为单位负责人考核加分项。

另外，减少约束项指标，一部分直接转入单位负责人考核，不挂钩单位工资总额；一部分降低分值，原则上扣分幅度不能高于重点任务分值。

2）优化经济指标权重及贡献度系数

在经济指标权重的个性化设置方面，根据板块或单位分类情况设定其经济指标基本权重，并进一步按照其主要业务及发展阶段等对其经济指标权重进行调整，其他权重作为重点任务、对标和个性化指标权重。

3）贡献度系数的设置

贡献度系数（经济发展系数），拟按年度调整确定贡献系数，逐年激励高指标，具体调整如下：

将原“集团公司平均增速”直接设定为 15％（2018 年各产业板块“一上”平均增速利润 8.89％，收入 16.16％；2018 年规划平均增速利润 24.46％，收入 32.0％）；

“增量占比”改为各版块 JYK 二下年度指标增量占集团公司总目标增量的比例；

“利润总额”和“营业收入”权重仍保持5∶5。

“年度经济贡献系数”＝1＋（营业收入同比增速-15%）/15%×营业收入增量占比×0.5＋（利润总额同比增速-15%）/15%×利润总额增量占比×0.5。

经调整后，年度经济贡献系数与当年申报目标直接相关，进一步鼓励各产业板块申报具有挑战性的目标（虚报目标已在基本计分中通过加分折扣进行约束），努力确保规划目标分解落地。

（2）重点任务的考核及分配调整

重点任务完成率是指各个板块承担的重点任务按照计划节点完成的数量占总任务数量的百分比，最高为100%。设置此项指标主要是督促各板块努力完成重点任务，支撑集团公司高质量发展。

集团公司重点任务配以一定的薪酬下达。就具体计算额度和分配思路的问题，调研了中国石油天然气集团有限公司，现将其基本思路总结如下。配以一定的资金下达的重点任务，用该资金总额除以中国石油天然气集团有限公司人均主营收入，得出按照其内部一般的劳动生产率，完成该任务需要多少人。再将人数乘以集团公司人员平均工资乘以调节系数（如：地域系数、项目难度系数等等）。分配方面，将人员分为骨干人员和一般人员，比例为2∶8。20%的骨干人员得到50%的工资总额，80%的一般人员得到另一半50%的工资总额。集团公司可以参考核算和分配。

（3）强化对标

增强集团各单位对标的力度，优化指标的选取，数据的分析，提升应用的效果。对现有的对标体系下进行优化调整，遵循科学的对标原则。

适应性：符合集团实际情况和国资委要求。

完整性：目标体系、对标指标体系、改进措施等全面配套。

科学性：数据真实可靠，选举的分析比对方法科学合理，对标结论具有理论和实践基础。

引导性：针对集团公司产业经济发展、能力提升、价值创造、技术创新、管理创新、品牌形象等具有导向和引领作用等。

可操作性：在总部实际管理工作中可采用，主要研究结论对制定相关管理办法、管理流程和实施细则起到支撑作用。

（4）创新型激励措施应用

为落实集团公司中长期发展规划，促进集团公司业绩和核心竞争力的提升，推动集团公司又好又快安全发展，营造团结奋进、共享发展成果的良好氛围，实施“核盈共享计划”。

核盈共享计划旨在激励集团公司全体员工为集团公司“做强做优，世界一流”目标积极作为，表彰在保障国家战略任务、落实集团规划目标，实现资产保值增值、资本收益最大化和可持续发展等方面做出突出贡献的团队或个人。

经营管理部为核盈共享计划牵头管理部门核盈共享计划奖励办法；负责会同财务部、人力资源部编制奖励建议方案，报请集团公司党组会审定；负责奖项兑现方案审核，并监督执行和考核。

1）核盈共享计划奖励事项评选表彰遵循原则

共享性原则：将为集团公司做出重大贡献而创造出的价值（收益）反馈给做出贡献的员工，实现集团与个人的共赢共享；

挑战性原则：奖项设置具有挑战性，鼓励超额（前）完成任务，为集团发展作出重大贡献；

公平性原则：全体成员单位、团队均可参与，通过公示、

督察等方式，确保奖励设置和执行的公信度。

2）具体奖励措施

盈利奖。对各单位超额实现经济指标规划目标，按照超出的利润

额给与单位工资总额奖励；对于集团公司年度利润指标预算值与规划目标的差额，鼓励团队自愿领取利润目标，通过开拓创新增加集团利润，按照贡献的利润对团队给予奖励。

盈实奖。在集团公司战略规划中，选取部分集团公司重点战略任务设定登高目标，根据登高目标实现后预期产生的经济和社会效益对团队予以奖励。采取项目（任务）全周期奖励，一次设定，逐年兑现。

盈创奖。当年在创新发展方面获得突破性进展，对提升集团公司核心竞争力，或集团公司或产业发展具有重大影响的事项。年底由各单位申报，根据项目预期的经济和社会效益对团队予以奖励，鼓励创新。

（5）绩效分配额度提升

目前，JYK 考核的绩效分配额度仅为 10%～20%，远不及中石油的 30%，中石化的 40%，兵器的 40%。建议适当提高 JYK 考核的绩效分配额度，至少不低于同类央企、军工企业的平均水平，大致在 30%左右。

5 数据验证

为保障集团公司绩效考核体系优化方案的可操作性和有效性，对研究结论进行数据模拟，以数据模拟结果证明优化方案是否合理。

5.1 指标权重说明

按照指标体系研究结果，将各单位考核指标分为经济指标、核心竞争力指标，其中核心竞争力指标由重点任务和对标结果组成。各盈利性专业化公司及直属单位初始权重分数为80分，各支持服务性事业单位初始权重分数为20分（总分100），通过军工任务、科研项目、市场竞争属性、专营业务和支持服务五个因素，在对经济指标的权重进行调整。具体过程如表4所示。

表4 集团公司各单位经济指标权重设置计算过程

单位	经济指标原始权重	军工	科研	竞争	专营	支持服务
		−10	−5	10	5	−10
中国核能电力股份有限公司（以下简称“中国核电”）	80	−10	−5	10		
中国原子能工业有限公司（以下称简“原子能公司”）	80	−10	−5		5	
中国铀业有限公司（以下简称“中国铀业”）	80	−10	−5		5	
中国核工业建设股份有限公司（以下简称“核建股份”）	80	−10	0	10		
中核环保有限公司（以下简称“核环保”）	80	−10	−5		5	
中国同辐股份有限公司（以下简称“同辐公司”）	80			10		
中国中原对外工程有限公司（以下简称“中原公司”）	80			10		
上海浦原有限公司（以下简称“浦原公司”）	80			10		
中国宝原投资有限公司（以下简称“宝原公司”）	80			10		
中核资本控股有限公司（以下简称“中核建资本”）	80			10		−10
中国核电工程有限公司（以下简称“工程公司”）	80	−10	−5		5	−10
中核工程咨询有限公司（以下简称“中核咨询”）	80				5	−10

续表

单位	经济指标原始权重	军工	科研	竞争	专营	支持服务
		−10	−5	10	5	−10
中核能源科技有限公司（以下简称“中核能源”）	80	−10	−5		5	
新华水力发电有限公司（以下简称“新华发电”）	80			10		
中国核动力研究设计院（以下简称“动力院”）	20	−10	−5		5	
中国原子能科学研究院（以下简称“原子能院”）	20	−10	−5		5	
核工业西南物理研究院（以下简称“西物院”）	20		−5		5	−10
中国同辐股份有限公司（以下简称“中辐院”）	20		−5		5	−10
核工业标准化研究所（以下简称“标准化所”）	20				5	−10
中核集团技术经济总院（以下简称“技经总院”）	20	−10			5	−10
核工业大学	20				5	−10
新闻中心	20				5	−10

经过计算，得到如下结果如表 5 所示。

表 5　集团公司各单位指标权重结算结果

单位	经济指标	核心竞争力指标权重		
		总计	对标	任务
中国核电	75	25	15	10
原子能公司（原核燃料）	70	30	15	15
中国铀业	70	30	15	15
核建股份	80	20	15	5
核环保	70	30	15	15

续表

单位	经济指标	核心竞争力指标权重		
		总计	对标	任务
同辐公司	90	10	5	5
中原公司	90	10	5	5
浦原公司	90	10	5	5
宝原公司	90	10	5	5
中核建资本	80	20	15	5
工程公司	60	40	15	25
中核咨询	75	25	15	10
中核能源	70	30	10	20
新华发电	90	10	5	5
动力院	10	90	45	45
原子能院	10	90	45	45
西物院	10	90	45	45
中辐院	10	90	45	45
标准化所	15	85	45	40
技经总院	0	100	60	40
核工业大学	0	100	100	0
新闻中心	0	100	100	0

5.2 汇总结果

经过得出的权重结果，带入到近三年的考核结果当中，得出以下数据结果如表 6 所示。

经过新办法和原办法的对比，可以看到，经过指标权重优化调整，各单位考核分数回归理性，原办法得分 100 以上的单位，在新办法中得分在 80～100 分之间，如中国核电、原子能公司、中国铀业公司等。

表 6　集团公司各单位 2015—2017 年新旧办法模拟计分对比表

类型	单位	2015 年				2016 年				2017 年			
		原办法		新办法		原办法		新办法		原办法		新办法	
		得分	排名	得分	排名	得分	排名	得分	排名	得分	排名	得分	排名
发展经济类	中国核电	110.1	1	81.2	5	109.8	2	93.7	3	114.0	2	91.8	6
	原子能公司（原核燃料）	95.5	4	92.4	3	119.7	1	96.2	2	109.6	4	96.9	3
	中国铀业	93.9	5	88.5	4	98.5	3	93.0	4	110.0	3	100.0	2
	核建股份	/	/	/	/	/	/	88.7	7	0.0	10	91.2	7
	中核环保	96.9	3	62.9	6	96.7	6	92.7	5	99.1	8	84.7	10
	同辐公司	84.9	6	97.5	2	97.2	5	91.1	6	108.5	5	84.9	9
	中原公司	/	/	/	/	/	/	/	/	114.0	1	100.2	1
	浦原公司	/	/	/	/	/	/	/	/	99.0	9	86.0	8
	宝原公司	99.3	2	97.8	1	98.5	4	101.8	1	104.7	7	94.6	4
	中核建资本	/	/	/	/	/	/	/	/	0.0	10	0.0	12
	工程公司	/	/	/	/	/	/	/	/	105.8	6	92.0	5
	中核咨询	/	/	/	/	/	/	/	/	0.0	10	0.0	12
	中核能源	/	/	/	/	/	/	/	/	0.0	10	0.0	12
	新华发电	/	/	/	/	/	/	/	/	0.0	10	46.9	11
提升竞争力类	动力院	/	/	/	/	111.8	1	100.8	1	106.4	1	100.2	1
	原子能院	95.6	3	/	/	93.4	2	96.0	6	100.3	2	94.4	5
	西物院	91.8	7	/	/	87.3	8	97.9	4	93.7	8	92.6	6
	中辐院	96.0	2	/	/	89.5	5	98.4	3	100.2	3	97.8	3
	标准化所	96.7	1	/	/	89.0	6	58.5	8	96.3	6	76.0	8
	技经总院	94.8	5	98.0	/	92.3	3	99.8	2	98.3	5	80.0	7
	核工业大学	92.8	6	100.0	/	87.5	7	94.4	7	95.6	7	95.9	4
	新闻中心	95.5	4	100.0	/	90.0	4	97.5	5	99.5	4	99.8	2

同时，各单位考核结果差距并未减小，反而略微增加，如 2017 年的考核结果中，竞争提升类单位第 1 名和第 6 名在原办法里考核分数差距为 13.7 分，而在新办法里考核差距达到 23.8 分，考核结果差距明显拉开。

通过方案调整，指标体系比原方法更加客观，各单位主观操作提升考核分数、规避考核因素的可行性明显降低，并且各单位考核分数更加趋于理性，考核结果更加有针对性，分数差距所有提升。符合绩效考核体系的优化要求，因此，指标体系优化具有合理性、有效性。

6 实施建议

将集团集团公司绩效考核改进措施纳入考核制度，并及时对集团公司各二级单位进行宣贯，将集团公司绩效考核的新思想深化到各支撑单位。同时，通过定期交流，强化集团公司绩效考核体系的上下联动，对绩效考核体系不断进行优化调整，提升应用效果，从而支撑集团公司发展目标的实现。

参考文献

[1] 俞晓燕，如何实施人力资源管理与绩效考核的思考［J］. 全国流通经济，2018（36）：64-65.

[2] 张晶晶. 绩效考核在绩效薪酬分配中的作用［J］. 现代工业经济和信息化. 2017，7（9）：118-120.

[3] 熊国锋，平衡计分卡指标体系在企业绩效管理中的应用研究［J］. 创新科技，2017（12）：69-71.

中核集团推进市场开发的几点思考

中国核科技信息与经济研究院核工业战略研究所
王　茜　张　明

摘　要：本文分析概括了中核集团市场开发现状情况，分析了市场开发所面临的挑战与问题，探索从五个维度提出了市场开发的总体目标，围绕着总体目标，研究提出了完善市场机制、加大市场投入、建设市场队伍、增强市场意识、强化市场研究等方面的几点措施建议。

关键词：市场开发；资源配置；区域态势；体制机制

1　中核集团市场开发现状分析

1.1　产品市场规模不断扩大

根据统计，从中核集团产品（服务）的规模来看，当前单项收入在亿元以上的产品或服务共有 48 项，10 亿规模的产品或服务有 15 项，百亿规模的有 2 项（见表 1）。收入排名第一的产品是中国核能电力股份有限公司（以下简称“中国核电”）的核能发电，2017 年收入约为 336 亿元；其次是中国核工业建设股份有限公司（以下简称“中核建股份”）的工业与民用核工程，为 286 亿元；第三是中核建股份的核电工程，约 96 亿元。

表 1　中核集团现有产品或服务概览（按营业收入规模）

营业收入/元	数量
1000 万以下	132
1000～5000 万	66
0.5～1 亿	28
1～5 亿	27
5～10 亿	4
10～100 亿	15
100 亿以上	2

从产品（服务）的发展趋势看，2015—2017 年，中核集团营业收入年均增长率约为 12.8%，以此为评价基准指标，中核集团共有 261 项产品或服务能够连续三年取得收入，可以对其成长性进行评价。其中成长性良好的占比为 40%，成长性一般占比为 23%，成长性较差占比为 37%。总的来看，各成员单位的产品或服务超半数（63%）都处于增长态势，并且目前较为成熟的产品或服务近 80%具备较好成长性（见表 2）。

表 2　产品或服务近三年成长性概览

指标	数量	占比	平均收入规模/万元	收入过亿数量
成长性良好	104	40%	35 886	24
成长性一般	61	23%	25 520	18
成长性较差	96	37%	9 722	10

从产品（服务）的品牌看，逐渐形成了“华龙一号”、玲龙一号、燕龙池式堆、CF 系列燃料元件、质子治疗等一系列优秀产品及服务

品牌。

1.2 产业发展格局基本形成

中核集团通过60年的发展，产业领域由军用拓展到民用，越来越注重产业经济的发展，现已呈现出以核电为龙头，核燃料、天然铀、核环保、核技术应用、工程建造等多个优势产业同步发展的格局。

1.3 区域发展态势更加清晰

中核集团在甘肃、浙江、四川等传统产业基地发展的基础上，紧抓发展机遇，积极推进与地方政府的合作，不断拓展在上海、江苏、海南、内蒙古、新疆、天津、福建、湖南等地的产业布局，调整设立区域核工业局与联络部，强化重点区域的统筹发展，初步形成产业开发区域态势。

1.4 战略合作成效逐步显现

与上海、天津、海南、湖南、福建、甘肃、浙江、新疆、四川等多个地方政府以及神华集团有限公司、国家开发投资集团有限公司、华润（集团）有限公司、中国一重集团有限公司、中国机械工业集团有限公司、广东恒健投资控股有限公司、北京有色金属研究总院、深圳证券交易所等一大批企事业单位签订多项合作协议，建立战略合作关系，拓展中核集团市场发展空间，促进集团产业发展。通过协议推进落实，培育中核集团发展的新业态、新动能，加快在核技术应用、环保、新能源等产业上谋篇布局，谋划新的经济增长点。推动建立“小核心、大协作”科技创新体系，大力推进与清华大学、西安交通大学、哈尔滨工程大学、上海交通大学等院校的产学研合作，已完成与四所大学的战略合作协议和共建协议的签署。

1.5 组织管理体系初步建立

2017 年 4 月，中核集团自成立以来首次专门设立了市场开发部门，两核重组后，又整合加强市场开发力量，专门设立了产业开发与国际合作部。为推进中核集团区域市场体系建设，共设立了 27 个区域联络部。中核集团总部、专业化公司、区域联络部的产业开发组织管理构架已初步形成。

2 中核集团市场开发面临的挑战与问题

2.1 开发机制和力量不适应市场竞争

市场开发组织体系尚不完善；市场开发管理机制不灵活；市场开发应变能力不足；市场开发人员队伍专业性不高。

2.2 传统产业市场发展空间受限

我国经济发展进入新常态，能源和电力需求增长存在较大不确定性。“十三五”以来，国家核准核电机组十分有限，发展速度放缓，这导致核电上下游相关的核燃料、天然铀、核电工程建造需求的下降。

2.3 新兴产业规模有待提升

核技术应用产业涉及范围广、技术差异大，长期以来由集团所属成员单位各自发展，各家产业各具特色、规模不一，目前核技术产业发展“小”“散”“弱”特点，尚未发展成为支柱性产业。

2.4 新的经济增长点缺少突破口

我国进入经济新常态，制造业、房地产业、服务业等传统行业的边际效益下滑，诸多行业已成为微利甚至亏损状态，中核集团的新能源、装备制造、产业服务、金融服务、健康医疗等新经济增长点尚未形成规模。

2.5 科技成果产业化进程缓慢

科技成果转化存在技术成熟度不高、有效成果转化成功案例不多、相关激励机制不到位、市场化手段不健全、尚未建立有效的促进科研成果转化的平台和机制等问题，造成科技成果转化慢，同时在研发过程中市场需求导向弱，开发的新产品往往与市场需求结合不够紧密。

2.6 市场观念和竞争意识有待加强

市场开发策略研究不够，对外合作的积极性、主动性不高，对接国家部门的工作方式方法不够灵活主动，与地方产业和经济发展融合不够，各专业化公司、直属单位的市场开发主体观念转变与角色转换较慢。

3 中核集团市场开发的几点思考

中核集团市场开发目标设置应从五个方面着重考虑，一是建成具有中核特色、灵活高效的市场开发组织体系；二是形成具有产业特色、区域优势的市场开发产业格局；三是打造开放共享、合作共赢的市场开发合作模式；四是培育创新引领、成果转化的市场开发核心竞争力；五是健全系统完备、有效激励的市场开发保障机制。为加快实现市场开发的五大目标，提出几点措施建议。

一是深化改革完善市场开发机制。建议强化授权管理、健全集团内部协调机制、建立合理的考核机制、完善科技成果转化具体举措。

二是设立市场开发专项资金和市场化引导基金。

三是强化市场开发队伍建设。采取灵活多样的形式，加大市场开发人员的市场化配置水平；建立市场开发序列各岗位的标准化培训体系；建立市场开发人员交流机制。

四是营造市场与意识。牢牢树立市场意识，克服“等、靠、要”的思想，主动适应市场，积极参与竞争，提高管理水平，改进服务意识，提升产品质量。

五是加强市场信息收集与专题研究。建立市场开发信息平台及报送机制；建立长期市场跟踪及报送机制；加强市场专题专项研究。

参考文献

[1] 周强胜，楼琪，杨小红，等．优化市场开发策略 提高企业核心竞争力 [J]．河南化工，2011，28 (3)：55-57.
[2] 闫伟，徐国林．电力市场开发与营销策略分析 [J]．现代经济信息，2015 (18)：102.
[3] 田满林．S 所军贸市场项目化营销研究 [D]. 成都：电子科技大学，2012.
[4] 王微微．A 军工企业基于市场的内部管控模式探讨 [D]. 北京：中国人民大学，2012.

原子能公司多元化发展战略研究

中国核科技信息与经济研究院核工业战略研究所
石　磊　张红林

摘　要： 进入新时代，中国原子能工业有限公司（以下简称原子能公司或公司）面向未来提出了多元化发展战略。一方面要做强做优做大中国核工业集团有限公司核燃料产业，推动核燃料"走出去"；另一方面是积极孵化现有关键技术，做好成果转化，布局新的经济增长点，实现产业的多元化发展。本研究重新梳理了原子能公司多元化发展的现状、存在的问题及面临的新形势，提出公司以核燃料产供销及服务一体化为中心圆，相关配套、延伸及衍生产业为同心圆的同心多元经营发展产业体系，以科技创新、市场开发及资本运作为持续驱动公司多元化发展的"三驾马车"。

关键词： 多元化发展；战略研究；公司经营

1　原子能公司多元化发展模式分析

从企业专业化经营的角度看，多元化战略的内容包括：产品的多元化、市场的多元化、投资区域的多元化和资本的多元化。一般意义上的多元化战略，大多是指企业同时经营两种以上的产品或服务的一种发展战略。通过实施多元化发展战略，同一企业的新产品或服务进入不同的新市场，增加新产品或服务的种类和进入新市场是同时发生的。

1.1 多元化战略成败的关键因素

作为企业扩张的重要战略之一，全球500强的企业当中，90%以上的企业都实行过多元化战略，多元化战略也逐渐在中国受到企业的重视和采纳。然而多元化战略本身作为企业的经营战略，衡量优劣的主要标准在于结果是否能够成功，而其成败的关键因素在于企业所处的外部环境及所具备的内部条件是否符合多元化战略的要求。

1）实施多元化发展的企业必须拥有充足的资源和实力，并在一个领域已占有牢不可破的地位，足够支撑企业在发展新领域成为利润增长点时所不断需要的资源。

2）多元化发展的企业要培养建立核心专长领域，并将主业做好。企业应在有限的多元化产业中发展一个核心产业作为主业，成为企业的核心竞争力，并且可以考虑在必要的时候，转换核心产业，以适应产业本身生命周期的变化。

3）实施多元化的企业应结合发展所处环境，选择拥有一定资源基础、充足市场空间以及享有政策红利的产业。企业多元化发展应结合自身优势，时刻把握政策与市场的走势，择优选择并重点发展市场需求量大、享有国家政策鼓励的产业，既可以规避发展初期难以维持的风险，并拥有成长为核心产业的潜力。

4）多元化发展应选择关系密切的多元化产业。通过发展具有较高关联性的产业可以利用现有资源较顺利地做大产业基础，获得范围经济利益，实现事半功倍及“1＋1＞2”的效果，其缺点是企业承担的风险仍然较大。

5）多元化发展的企业要做到有限多元。不能无限多元化发展，这样不利于资源的集中，不利于专业能力的强化，不利于人才的聚集，不利于形成核心的竞争力。必须在自身能力的范围内，做有限多元化发展。

1.2 原子能公司多元化发展模式

国资委 2013 年印发的《中央企业做强做优、培育具有国际竞争力的世界一流企业要素指引》中对央企的业务结构有了明确的规定：要求中央企业的核心业务及业务结构基于国家战略、国有经济布局结构调整发展战略核企业总体战略而确定。要求央企业务向关系国家安全和国民经济命脉的重要行业和关键领域集中，向附加值高、具有较强带动力和影响力的产业链高端领域延伸，统筹兼顾现有核心业务、发展业务和战略性新兴业务。要求央企根据市场与客户的需求、自身核心能力，根据发展战略和发展阶段确定核心业务。要求央企把发展战略性新兴产业作为承担国家赋予的重要使命、赶超世界一流的历史机遇、谋划长远发展的关键举措，集中力量，合作创新，重点突破，率先掌握一批核心技术，逐步实现产业化。

中国核工业集团有限公司（以下简称“集团公司”）2018 年新发布的《中国核工业集团有限公司投资管理暂行规定》（第十号文）中，建立了《集团公司投资项目负面清单》，二级单位禁止投资列入负面清单的禁止类投资项目；对于主业的发展，授予了各二级单位授权额度（含）以下的主业固定资产投资、股权投资及科研项目投资，同时二级单位可以向下一级企业管理层授权境内投资决策；对于不符合集团公司认定的主业范围内的非主业投资项目，属于负面清单中的特别监管类项目，投资决策主体归集团公司。

原子能公司是集团公司的二级单位，是集团公司发展核燃料产业的专营公司，实现核燃料国内外市场产供销及服务一体化经营是公司新的定位。当今世界核燃料产业发展受阻，核电未来发展存在不确定因素，公司面向未来决定实施多元化发展战略，必须要结合集团公司对二级单位发展主业及非主业的政策要求。再结合国资委文件关于业务结构的要求与前面提到关系多元化发展成败的五个关键因素，得出，原子能公司多元化发展必须要紧紧围绕以核燃料产供销及服务一体化为核心业务不动摇，在资源条件允许的情况下，以战略性新兴产业为主要切入点，统筹兼顾，发展同心多元化产业。

2　原子能公司多元化发展的基础

2.1　发展现状

原子能公司主要从事核燃料经营管理，核燃料生产、运输及销售，核燃料加工设施建设、工程研究与设计、技术研发、技术转让、技术服务以及国际合作等业务，拥有完整的核燃料产业链。60 年来，核燃料产业突破了一批关键技术的封锁，使我国踏入了核大国俱乐部的门槛，形成的一批具有自主知识产权的技术，支撑了产业快速发展。

公司已经形成了相应的专业研究院所、工程研究设计院、生产企业的能力配置格局，秉承“开放、合作”的理念，按照“小核心、大协作”思路打造科研生产体系。当前，自主化 CF 燃料组件研究取得重大进展，CF3 改进型先导组件入堆考验，新一代专用设备百台装架启动考核试验，国产碳纤维的应用进入小批量试验考核阶段；已实现单线 3 000 tU/a 转化技术的工业化应用，全面启动单线 6 000 tU/a 转化技术研究。

此外，公司长期发展以来，形成了一系列的非核民品产业。经过不断改革调整，公司目前民品产业主要有贸易、水电、锂电池、香料等产业，正在研发的技术包括飞轮储能、贫铀飞轮、稳定同位素等。涉及的单位包括中核建中核燃料元件有限公司锂业分公司、成都建中锂电池有限公司、成都建中香料香精有限公司、中核北方核燃料元件有限公司、核工业理化工程研究院、宜宾建中运业有限公司、中核（天津）机械有限公司等成员单位。整体上看，原子能公司非核业务分布较散，产业规模不大。

2.2 存在的问题

原子能公司发展民品产业大都起步较早，技术在当时较为先进或领先，并成功建立起了一些“红极一时”的行业巨头如红华特气、中核钛白等，满足的市场需求，为公司相关企业解决生产发展、解决历史人员负担提供重要保障。但是，总体看，这些产业在后来市场需求不断增长的大好形势下，没有抓住发展机遇实现做强做优做大产业。造成这一现象的原因是深层次的，既有技术创新支撑不足，产业生产线更新换代慢，也有决策机制不畅，产融结合不足等问题，是公司未来推进民品产业发展，实施多元化发展战略优先解决的问题。

（1）民品产业的定位不清晰是造成体制机制不顺的根本原因

按照集团公司的投资经营相关政策要求，对于非主业投资发展有严格的限制，造成了集团成员单位对于主业、非主业的定位及管理方式存在巨大差异。非主业的民品产业对于原子能公司应该发挥何种作用、应当采取何种管理方式等问题还不清晰，推向市场的民品产业普遍存在管理体制不顺、机制不活、企业发展自主决策权不足、创新激励不强、开放协作不够、对市场反应慢、市场机制不灵活等问题，造成民品企业很难适应市场激烈竞争实现做强做优做大。

（2）缺少懂市场经营的管理人才

公司民品企业的人才体系不合理，仅形成了一定的管理者与技术人员的人才队伍，缺少懂市场经营的人才，更缺少既懂技术又懂企业管理还懂市场经营的复合型人才。曾经“红极一时”的中核红华特种气体股份有限公司就是个典型的例子，由于对市场的重视度不够，忽视与客户关系的维系，导致中核红华特种气体股份有限公司逐渐走向了下坡路。

（3）民品产业发展没有充分发挥资本市场的作用

公司现有的民品公司，缺少携手资本市场的手段和思维，尽管手握重要资源，有先发优势，但没有很好地盘活资产，实体产业没有与资本市场充分对接，实现产融结合发展，难以快速扩大经营规模、增强企业实力。

（4）现有科研院所对设立的民品转化企业的创新研发协同不足

公司科技成果转化公司与研究院所之间只有资产以及管理隶属关系，缺乏协同协作，转化公司需要单独建立一套科研人才体系，但是由于经济发展规模等条件限制、科研设施、科研人员质量和数量难以满足需要，导致科技水平不能领跑市场，逐渐失去了技术优势。

（5）缺少高技术产品的长远规划和投入

民品公司发展缺少长远发展规划，只热心于“短、平、快”项目，而不愿开发“高、新、难”技术产品。产品没有专业特色，就难以形成拳头产品。由于产品技术难度小，竞争对手很容易出现，市场容易饱和，稍有不慎就造成产品严重积压。

3 公司多元化发展战略思路与方向建议

根据原子能公司核与非核产业的发展基础与问题，研究提出公司多元化发展的思路与方向。

3.1 总体思路

建议公司建立起以核燃料产供销及服务一体化为中心圆，相关配套、延伸及衍生产业为同心圆的同心多元经营发展产业体系，以科技创新、市场开发及资本运作为持续驱动公司多元化发展的“三驾马车”。

坚持以核燃料产业作为公司的核心产业不动摇，是同心多元的中心圆，为“一元产业”，业务包括核燃料产品（铀转化、铀浓缩及燃料元件）的产供销及服务。与核心业务相关，重点起着支撑配套整个核能行业作用的产业为“二元产业”，包括锆材、贫铀飞轮等。由核燃料关键技术的延伸或衍生而孵化出的战略性新兴产业为“三元产业”，包括储能飞轮、锂电池、稳定同位素、放射性同位素等。非核燃料产品的进出口贸易业务为“四元产业”。越靠近圆心，受核心产业发展影响越大；越远离圆心，受核心产业发展影响越小。

需要注意的是，一、二、三、四元产业都是公司实施多元化发展战略的重点，不划分三六九等。公司在多元化经营中，要把握好对各产业的重视度，切不可顾此失彼（见图 1）。

——到 2035 年，二元、三元、四元产业收入共达到 200 亿元，占公司总收入的 50%。发展 3～5 个新兴产业，培养 2～3 个以飞轮储

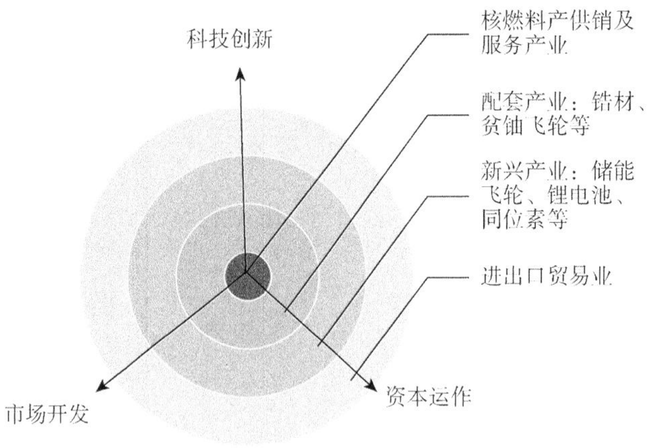

图 1　原子能公司多元化发展体系

能、锂电池等为主的高端产业，整体水平在国内同行业同领域中处于领先地位。掌握新兴产业的核心关键技术，形成自主品牌，达到同行业的技术发展前列。国内市场份额占据主导地位，深耕“一带一路”沿线国家市场，逐渐成为主要技术及产品的出口方，同时拥有欧洲、美国、日本等发达国家的海外市场。深入推动公司混合所有制改革，坚持面向市场、服务用户的理念，实施股权多元化，降低产业发展风险，形成公司新业态。

——到 2050 年，二元、三元、四元产业收入共达到 500 亿元。建立 5～8 个高端为主新兴产业，发展 3～5 个为世界一流产业并成为行业巨头。

3.2　多元化战略布局

(1) 一元产业：核心产业技术与产品多元化

以发展核燃料产业为根本，积极推动核燃料生产加工环节的技术多元化与产品多样化。积极开展铀转化万吨级单线技术研发及工业化应用，加快超临界离心机研制。加快推进自主品牌燃料的研制工作与国内外推广应用。完善核燃料元件的创新体系建设，发挥中国核动力研究设计院、中国原子能科学研究院等单位研发设计力量，积极布局前瞻性、颠覆性技术，例如ATF燃料、环形燃料、MOX燃料、金属燃料等创新性及先进反应堆燃料组件。通过技术及产品多元化发展，保障国内外民用核电多堆型、多机型的燃料供应需求，提升公司的市场竞争力。尽早实现N36、N45锆合金管棒材工艺和产品加工制造，具备商业化应用条件。积极研发和培育轻水堆（包括M310及改进型、VVER、AP1000、“华龙一号”）以及重水堆所需锆合金自主供应保障能力。

推进核燃料科研生产智能化建设，加快核燃料生产加工与信息化、自动化的深度融合。引进先进智能制造技术，与大数据、云计算的相关企业沟通对接，形成产业＋互联网模式。打造全自动化机器人的核燃料生产车间，提升核燃料生产加工的效率，降低人工成本，实现核燃料智能生产与智能制造。

（2）二元产业：核能配套产业多元化

推动锆合金产业发展。积极开展锆产业的资源整合工作，形成集海绵锆、M5锆合金、N36锆合金、条带等产业一体化、资本多元化的锆平台。探索航天航空、船舶兵器、电子仪器等高端领域的锆合金材料应用市场，拓展市场规模，在条件合适的情况下积极推进上市，探索打造集团材料产业上市平台公司。

培养贫铀飞轮产业。加快贫铀飞轮（核电装备配套）的研制工作，尽早实现在CAP1400等国产自主商用核电站中反应堆主泵推力盘的应用。拓宽贫铀应用范围，利用贸易渠道优势开拓贫铀飞轮市场。

积极做大辐射防护、净化去污等相关配套产业。积极开展能应用于不同用途和环境下的贫铀屏蔽体和容器的研制与应用，推动贫铀屏蔽体及容器研发生产能力建设。逐步健全、完善贫铀材料回收、再利用的处理系统，建立一套较完整的为贫铀屏蔽体提供维修、维护、使用保证和回收等技术服务的保障体系，实现对贫铀屏蔽体的全寿期管理。打造去污过滤等关键材料的核心技术，建成中大型放射性洗消、废液处理设备等核级过滤系统自制件和总装生产线。加快开展核事故应急去污洗消及废气废液处理技术、含铀氟废液回收处理技术及设备研究工作，开展激光清洗设备研制，获得样机及相应的专利技术。建议将核燃料运输资源进一步整合（车辆、包装容器），与国内运输企业开展业务重组，打造形成原子能公司核燃料运输专业化公司。

探索打造专业化智能制造产业平台，推进核燃料产业降成本。对接国家“中国制造 2025”战略，利用中核机械现代化的精密设备的加工能力，探索打造为核燃料产业配套设备智能制造专业平台，成为精密、智能制造、质优价廉的装备制造商以及高端加工服务商。根据产业发展需要，考虑联合集团公司产业基金公司，并购一家智能制造企业，进一步完善 3D 打印、激光加工、高精度机床能力布局。

（3）三元产业：高端新兴产业多元化

加快孵化飞轮储能技术。凭借核工业理化工程研究院专用设备研制的技术积淀，加大人财物等资源的投入，加快飞轮储能技术的研发工作，获得样机及相应的专利技术，具备批量化生产条件，尽快实现储能飞轮的市场化应用。投资成立储能飞轮的专营公司，做好初创员工待遇的增量改革，探索混合所有制及员工持股，引入社会资本及产业基金，考虑引进风险投资或战略投资方，实施股权多元化，打造成为公司的战略新兴高科技产业。

积极培养稳定同位素生产能力。突破离心法生产非铀同位素的关键技术，推进稳定同位素制备。加快建设针对硅、氙、钨等同位素示范生产中心，瞄准市场需求量大的^{136}Xe、^{184}W以及^{64}Zn同位素，建成几千台规模稳定同位素生产级联，实现稳定同位素规模化生产。针对不同的稳定同位素，建立规模适当的多个同位素分离级联，形成同时生产多种同位素的能力，以满足市场需求。

探索做大锂资源及锂电池产业。研究通过资本运作整合锂业分公司和锂电池公司，考虑将锂业分公司资产、技术、设备等资源从中核建中核燃料元件有限公司剥离，注入锂电池公司，降低公司资产负债率。加大集团内部或外部产业基金的扶持力度，引入战略投资者，使得企业发展获得更大自由空间和资金支持。凭借自身专利及保密资质优势，积极争取更多军工项目，拓展军品市场，以军带民，逐渐占据更多民品市场。

择优发展现有的民品产业。重点选择一批如水体净化、医用放射源、色选机等市场前景较好的民用产品研发与应用。积极开展节能型空气预处理系统、隧道封堵及通风净化处理车的研制工作，获得样机并成功应用于民品市场。积极参与医用钴-60放射源工业化生产技术研发。提升专用质谱仪的产品性能并拓宽应用领域。剥离例如香料等与主业协同性不强、发展受阻、亟需市场化转型的产业，引入战略投资者，扩大社会投资占比，逐步实现国有股权的有序退出，为公司腾出更多的资源和精力发展核心主业或其他配套及新兴产业。

（4）四元产业：采购贸易服务多元化

做强涉核贸易业务。继续巩固公司重大项目进口的资质、资源和经验优势，建成集团公司重大项目的进口平台。提升放射性材料出口服务水平，发挥利用核设备进出口的专营权，拓展国内外贸易代理业务范围。把握全球核电市场机遇，面向国内外核电市场，以更具竞争力的价格及质量，提供核化工品、备件等耗材产品及服务。

探索打造招标采购平台新模式。在上海中核浦原有限公司作为集团招标采购平台下，积极发挥公司资质、经验、渠道优势，建立与浦原招标平台合作新模式，探索成立浦原招标采购分中心。积极拓展招标范围，从国际机电招标发展为国内外各类投资项目的招标，从单纯的设备招标延伸至财务、法律咨询等服务类招标，为集团公司提供全产业链、全方位的、规范的专业招标代理服务。

积极做好进出口产品商务代理服务。探索打造以核为主的贸易咨询服务公司，发挥利用原子能公司核领域的贸易渠道优势，为集团公司内部核技术应用相关产品提供面向国内外市场销售和开展国际合作。把握公司对外贸易的品牌力量，探索贴牌经营模式，实现公司多元化产品规模的迅速扩张。

探索放射性矿产资源的贸易业务。巩固五金矿产资源等以工业产品为主的贸易业务，发挥传统优势，积极拓展产品进出口领域和区域。利用好共伴生放射性矿产资源平台，依托原子能公司的放射性金属进出口资质，联合铀业公司的矿产开采加工能力与中核投资的环保优势，做好独居石等矿产项目。不断拓宽矿产资源种类，面向国内外市场出售加工产品。

3.3 多元化战略驱动力

(1) 创新科研与管理体系

构建开放协同创新体系。发挥引领作用，构建协同创新平台，深化“小核心、大协作”体系，牵头构建科研院所、高等学校、企业建立技术创新联盟、创新中心，聚焦战略性、引领性、全局性重大共性关键技术开展产学研用合作。积极推进与俄罗斯、法国、美国等国际核能大国的科研合作，以全球视野推动核应用基础技术创新。

创新公司管理运行模式。公司顶层设计上要重视新兴产业的培养与发展，转变核工业“干活吃饭”发展模式。优化公司决策机制，分类收权放权。建立完善技术成果转化激励机制，解决工资总额限制带来的员工创业积极性低下的问题，重点做好增量改革。实施股权多元化，分类分层推进混合所有制改革，适时推动公司上市。对于三级及以下、完全面向民用市场的子企业混改，可考虑让渡绝对控股，探索员工持股。

加大科技研发投入力度。继续加大公司自主投入，尤其是支持市场前景较好的高端技术研究。在现有集中研发经费基础上，继续创新科研经费投入模式，多渠道筹措研发经费，确保技术研发及成果转化。加大对基础性、前瞻性研究的扶持力度，通过设立专项基金等形式，推动研发工作的持续开展。完善科技奖励制度，让公司优秀科技人才得到合理回报，强化知识产权的创造、保护、运用，激发各类人才的创新活力和潜力。

（2）加大公司市场开发力度

加强市场研究工作。通过适当增加一线研究人员编制并建立定向培养机制，逐步提升一线人员的分析研究能力。在公司总部和成员单位层面设立专职研究人员，依托集团公司内部智库力量或集团外部专业研究咨询机构，以需求引领分析研究工作，加强专题专项研究；组织建立集团公司市场开发情报信息系统，促进市场开发对国家政策和外部环境的适应和响应能力；融入区域市场环境，建立长期性的市场跟踪机制。

增强市场意识。向各公司及下属单位等市场开发主体明确对市场开发高度重视的态度，牢牢树立市场意识，克服“等、靠、要”的思想，主动面向市场，积极参与竞争，提高管理水平，改进服务意识，提升产品质量，千方百计开拓市场，创造、引导、满足消费者的需求，从而实现企业的价值。

坚持开放发展。以更加积极的对外开放合作姿态，实行更加主动的开放战略，充分利用国内外两种资源、两个市场。深入开展与政府、高校、上下游供应商、合作伙伴的战略合作，打造核燃料产业及新兴产业发展的生态圈。以“一带一路”为主攻方向，大力实施国际化发展战略。充分利用完整的核燃料产业链的体系优势和技术比较优势，多模式并举，兼顾发达国家和发展中国家市场，积极融入全球核燃料产业链。

（3）加强公司资本运作能力

提升资本运作意识。公司必须意识到这是一个资本和事业结合的时代，不论是公司主业资产、民品项目还是科技成果转化，要想撬动更大的市场，赢得更大的发展，实现更广泛的资源配置，必须具备资本运营能力。为此，公司上下必须转变思想观念，提高市场化意识，主动对接资本市场。在与其他市场主体合作过程中，必须坚持“合作共赢”的理念。同时在资本运营过程中需要公司各个层面增强全局意识和大局观念，联合起来办大事，发挥合力。通过不断在资本运营领域的实践探索以及多层次、多方位理论研究探讨，逐步在公司内部形成较为统一的正确认识。

完善资本运营体系。按照集团资本运营体系建设整体规划，根据公司“市场化、国际化、自主化”发展的要求，调整完善公司资本运营职能设置，充实资本运营专业力量，建立起资本运营常态化工作机制。实现“双资推进”，将资产经营与资本运营两者有机地结合起来，建立起系统、高效的资源获取和配置体系，优化资源配置和资本结构，提高资产的流动性和利用效率，增强资产的控制能力。进一步加强制度建设，针对改制上市、股权投资、市值管理等业务起草修订相关制度，严格遵循各项法律法规，规范工作流程，强化对重大事项、关键环节的风险控制。

发挥好集团内外部资源。利用好基金公司、财务公司、融资租赁公司等集团内部金融板块资源平台，持续提高资金管理效率与效益，有效保障公司推进多元化发展的资金需求。公司在同位素生产、核设施退役、相关民品与集团其他版块有一定的互补，应以资本为纽带，推动互补性产业资产重组，形成合力，互利合作，实现集团整体利益最大化。外部以吸收社会和民间资本、上市融资等渠道获得资金支持，通过加大多元化资金投入，确保产业有序发展。

4 保障措施及建议

4.1 建设市场化人才队伍

面向社会引进高端市场经营型、战略思维型企业家人才。设置顾问岗位，积极聘请能促进市场开发的政府、社会各界知名人士。建立市场开发序列各岗位的标准化培训体系，将人才培养与岗位实践工作相结合，以老带新，传承经验，形成市场开发人才队伍的发展良性运转局面。借助国内高校、培训机构资源培养市场开发人才，学习先进经验，提升管理水平。打破各产业间人才壁垒，运用经济手段，使得市场开发人员可以在各市场开发主体间自由流动，为开发人员素质的全面提升和开发力量的最优配置提供基础。

4.2 加大资金支持力度

发挥整体优势，充分利用投融资平台，利用多层次资本市场，减缓自身资金压力，丰富融资渠道，分散非系统性风险。鼓励相关企业拓宽融资渠道，用足、用活有关政策，积极争取国家、地方的项目资金支持。引入其他央企、国际投行等有利于公司行业地位提升和产业链增值业务拓展的战略投资者，充分利用系统内外资源，发挥产业协同作用。同时，公司应设立市场开发专项资金，一是为市场开发提供风险投资资金，二是为成果转化、产业孵化提供前期资金，三是为项目前期提供启动资金，四是为新兴市场培育、品牌宣传工作等提供业务经费。

4.3 建立考核及容错机制

充分考虑市场开发的外部性属性，建立符合市场开发工作实际的指标体系及评分标准，建立合理的考核和容错机制，鼓励成员单位改革创新，消除科技成果转化主体单位的后顾之忧，把员工在“干事创业”中犯的错误与“违法违纪行为”区分开来，营造人们敢做、想做、能做的创业环境，激发一线工作人员的工作热情。建立与市场开发业务特点相一致的激励考核机制，降低开发人员固定部分薪酬，加大变动部分薪酬激励，薪酬水平与绩效考核结果严格挂钩，激励市场开发团队从事市场开发业务。

参考文献

[1] 朱滔．我国民营企业多元化战略研究［D］．厦门：厦门大学，2014.
[2] 王磊．华润集团多元化战略研究［D］．成都：四川师范大学，2014.
[3] 张兰．公司治理、多元化战略与财务绩效的关系［D］．长春：吉林大

学，2013.
[4] 余来文，陈明．公司多元化战略的关键因素及其问题分析［J］．当代经济管理，2007（02）：65-68.
[5] 王布衣，沈红波．公司多元化战略国外文献综述［J］．技术经济与管理研究，2007（02）：70-71.
[6] 杨林．多元化发展战略与企业价值关系：理论、实证及其战略调整研究［D］．南京：南京大学，2006.
[7] 许强，杨静，张力维．近十年企业多元化战略研究述评和展望［J］．浙江工业大学学报（社会科学版），2018，17（01）：87-93.

先进核电反应堆技术发展现状研究

中国核科技信息与经济研究院核工业战略研究所

李言瑞　白云生　韩绍阳

摘　要： 先进核电反应堆技术是核工业创新发展的重要领域，是世界大国发展的热点领域和前沿领域，关系着核工业未来发展的高度与深度。输出先进核电技术已成为世界核大国参与国际政治博弈的重要手段。先进核电技术在全球能源治理、促进能源技术创新和提高装备制造业水平等方面也具有重要作用。为积极响应我国军民融合创新发展的重要战略机遇，促进核能技术为国防科技和武器装备建设服务，推动核能行业科技创新驱动和国民经济发展，本文系统研究国内外第三代核电技术、小堆技术、第四代核能系统、聚变堆，及其他先进核电技术的发展现状、特点和趋势，提出我国先进核电技术创新发展的相关建议。

关键词： 第三代核电技术；小堆技术；第四代核能系统；聚变堆；发展现状和趋势

1　世界先进核电技术总体情况

根据IAEA统计，截至2017年年底，全球大约有69种先进堆/机型的概念设计。其中，大型先进压水堆和快堆是发展的主流方向，是被研发最多的两种堆型，分别有 21 种和 10 种设计，占比 26.09%和 18.84%。各核电大国都对先进核电技术进行广泛的技术研发，美国和俄罗斯在机型的数量上处于世界领先地位，这两个国家先进堆/机型数量最多，研发投入也最高，如表 1 和表 2 所示。

表 1　IAEA 统计的世界各国先进堆数量及占比情况（IAEA，2017 年底）

国家	美国	俄罗斯	日本	韩国	法国	欧盟	印度	中国
数量	14	13	9	6	5	4	4	4
占比	20.29%	18.84%	13.04%	8.70%	7.25%	5.80%	5.80%	5.80%
国家	加拿大	丹麦	比利时	巴西	国际财团	南非	瑞典	英国
数量	3	1	1	1	1	1	1	1
占比	4.35%	1.45%	1.45%	1.45%	1.45%	1.45%	1.45%	1.45%

表 2　IAEA 统计的各种先进堆型占比情况（IAEA，2017 年底）

先进堆型	压水堆	钠冷快堆	铅冷堆	熔盐堆	沸水堆	重水堆	气冷堆	超临界水冷堆	气冷快堆
数量	21	10	9	9	5	5	4	3	3
占比	30.43%	14.49%	13.04%	13.04%	7.25%	7.25%	5.80%	4.35%	4.35%

1.1　第三代核电技术

第三代核电技术充分借鉴了二代核电技术设计和运维经验，技术成熟，可大规模商业部署，是未来 15～20 年建设的主力堆型，有望延续到 2050 年。根据相关预测，在整个 21 世纪，第三代核电技术都有较大的市场空间。

已经实现工程部署的三代核电技术有 7 种，分别来自美、法、俄、韩、中、日 6 个国家。世界三代核电技术也由这 6 个国家掌握。

截至2019年6月底，全球在运核电机组449台，其中12台为三代核电技术，分布在俄罗斯、中国、韩国和日本4个国家。已经完成设计研发，等待开工建设的第三代核电技术有5种。世界还出现研发超大型核电机组的趋势，如中广核的ACPR1700、国家电投的CAP1700、俄罗斯装机容量为1 500和1 800 MWe的VVER技术。

在建设方面，三代核电技术已成为全球在建核电机组的主力机型。三代核电机组已成为全球在建核电机组的主力机型：截至2019年6月底，全球19个国家和地区正在建设54台核电机组，其中14个国家和地区正在建设35台三代核电机组，占在建核电机组的比例为65%；其中，我国在建12台机组（包括CFR600），三代核电机组5台，占比42%（见表3）。

表3 第三代核电技术部署情况

状态	型号	设计商	机组名称
在运12台	VVER-1200（2台）	俄原公司	列宁格勒2-1#，新活罗涅日2-1#
	AP1000（4台）	西屋公司	三门1#、2#，海阳1#、2#
	EPR（1台）	阿海珐	台山1#
	APR1400（1台）	韩国水利核电公司	新古里3#
	ABWR（4台）	通用-日立，东芝	柏崎刈羽6#、7#，志贺2#，滨冈5#
在建35台	VVER-1200（8台）	俄原公司	列宁格勒2-2#，新活罗涅日2-2#，波罗的海1#，白罗斯1#、2#，卢普尔1#、2#，阿库尤1#
	VVER-Toi（2台）	俄原公司	库尔斯克2-1#、2-2#
	APR1400（9台）	韩国水利核电公司	新古里4#、5#、6#，新蔚珍1#、2#，巴拉卡1#、2#、3#、4#
	ABWR（4台）	通用-日立，东芝	岛根3#，大間町1#，龙门1#、2#
	AP1000（2台）	西屋公司	沃格特勒3#、4#，萨默尔2#、3#（中止建设）
	EPR（4台）	阿海珐	台山2#，奥尔基洛托3#，弗拉芒维尔3#、欣克利角C1#
	华龙一号（6台）	中核&中广核	福清5#、6#，防城港3#、4#，卡拉奇2#、3#

1.2 小型模块化反应堆

根据IAEA统计，全球有近50种小堆概念设计，不过还有多个概念设计没有入围，如我国ACP100S、ACP50S、“燕龙”堆等。小堆技术成熟度不同，呈现阶梯式发展，以小型压水堆技术最为成熟。目前，已经开始工程建设的小堆有5种，分别是：我国的HTR-PM，俄罗斯的KLT-40S、BREST-OD-300和RITM-200，以及阿根廷的CAREM-25。

具备工程建设条件的小堆有韩国SMART、中核集团ACP100、中广核集团ACPR50S，以及清华大学和中核集团的供热堆等。正在研发的有mPower、NuScale、CAP150/200等。根据相关预测，2020—2050年是多用途小堆具备多堆型规模发展的阶段。小型模块化反应堆发展路线图如图1所示。

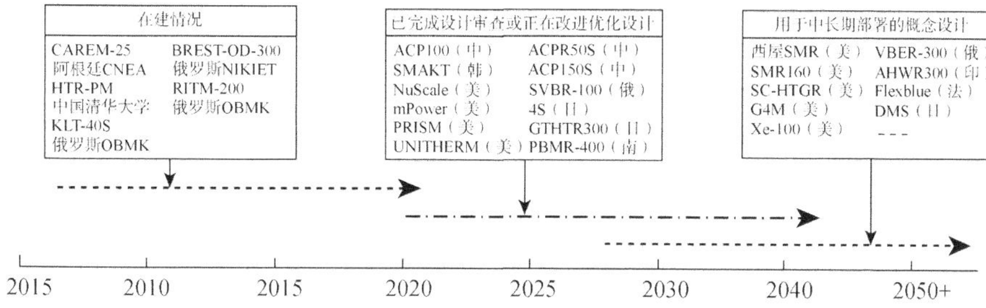

图1　小型模块化反应堆发展路线图

1.3 第四代核能系统

第四代核能系统包括6种，预计在2020—2030年开始部署。第四代核能系统堆芯温度高，堆芯出口温度都高于500 ℃，有5种可用于制氢。

1.3.1 钠冷快堆

俄罗斯建成BN-800商用示范堆，完成BN-1200的方案设计，计划2030年前建造3座。日本决定永久关闭文殊原型快堆，已着手研究文殊快堆的拆除计划。印度完成原型快堆PFBR的建造。美国的ABR、法国的ASTRID、还有日本J-SFR正在开展研究。我国60万千瓦的钠冷示范快堆于2017年年底开始部分土建工程开工建设。钠冷快堆需要攻克的技术难关是钠火事故，先进燃料制造，乏燃料后处理等。

1.3.2 高温气冷堆

美国、日本、韩国、欧盟、俄罗斯和我国正在研究高温气冷堆，南非已经中止工程项目，但是还在进行技术研发。日本和我国建成高温气冷堆实验堆，分别是HTTR和HTR-10。我国正在建设20万千瓦高温气冷堆核电站示范工程。日本正在研究GTHTR300/C概念，美国的下一代核电技术将高温气冷堆制氢应用调整为热电联产，韩国在开展核能制氢演示项目（NHDD）研究，欧洲启动核能热电联产项目（NC21I）。2016年年底，清华大学发布60万千瓦高温气冷堆核电站技术方案。高温气冷堆需要攻克的技术难关是堆芯出口温度达不到应有的高温特性，超高温燃料的研制与验证，供热用户接口和乏燃料的后处理。

1.3.3 超临界水冷堆

目前，超临界水冷堆处于概念设计和试验验证阶段。欧盟、日本、韩国、加拿大、俄罗斯和我国正在进行积极研发。国内超临界水冷堆由核动力院牵头研发，已经完成 CSR1000 总体方案设计，现在进入工程技术研发阶段。超临界水冷堆需要攻克的技术难关有水辐照分解，材料试验，燃料组件研制，冷却剂流量控制等难题。

1.3.4 铅冷快堆

俄罗斯完成铅铋堆 SVBR-75/100、铅冷堆 BREST-OD-300/700 方案设计，其他在研项目还有美国 SSTAR、欧盟 ELSY、日本 LSPR、瑞典 SEALER 等。中国科学院将铅冷堆作为加速器驱动次临界系统 ADS 的备选堆型，于 2011 年启动铅基实验堆 CLEAR-I 的设计研发工作，目前已经完成设计；根据 CLEAR-I 铅基堆方案，完成小型化设计，即核电宝 M10。中广核与中国科学院近代物理研究所合作，计划在惠州建造加速器驱动嬗变装置，使用铅铋堆作为备选堆型。国家电投完成嬗变铅铋快堆 Breed & Burn 堆（BB 堆）的概念设计。中国原子能科学研究院建成零功率装置“启明星Ⅱ号”，采用水堆和铅堆“双堆芯”结构。铅冷快堆需要攻克的难关主要有材料腐蚀与磨蚀问题，冷却剂不透明造成检查监控困难等难题。

1.3.5 熔盐堆

目前同时开展热中子和快中子熔盐堆的研究。欧洲正在研发的 MSFR 熔盐快堆。美国先进高温热中子熔盐堆 AHTR 进入工程研究阶段。日本、印度、韩国也开展了熔盐堆的研究工作。中国科学院与甘肃省达成协议，计划总投资 220 亿元人民币分两期建设熔盐堆，首先建造 2 MW 液态燃料实验堆。熔盐堆研发需要攻克的技术难关是液态盐的物化特性及生产技术，用后盐的处理，防氚释放和盐的腐蚀等。

1.3.6 气冷快堆

目前，国际上仅有捷克、匈牙利、波兰和斯洛伐克 4 个国家在欧盟第七框架研发计划（FP7）核裂变专项的支持下，研究气冷快堆示范项目 ALLEGRO，已完成建设可行性报告，并分析其环境影响、选址条件和许可取证等问题。气冷快堆需要解决的技术难题主要是堆芯功率分布不均，安全性较低等。

1.4 聚变堆

约束聚变有磁约束和惯性约束两种，其中磁约束聚变的研究较为顺利。托卡马克成为磁约束聚变研究的主要方式。目前建成的磁约束聚变实验装置有欧盟 JET、美国 TFTR、日本 JT-60U、德国 W7-X，以及我国的环流器二号 HL-2A 和东方超环 EAST。中国、美国、欧盟、俄罗斯、日本、韩国和印度等 7 方合作建设聚变实验堆 ITER，担负着聚变实验发电的使命。2017 年 12 月，我国正式启动中国聚变工程实验堆（CFETR）工程设计。磁约束聚变需要攻克的技术难关是等离子体性能与行为的预测，可控性，结构材料，氚自持技术等。

惯性约束聚变方面，主要是美国于 2009 年建成国家点火装置 NIF。惯性约束聚变的主要技术难关是实现聚变点火和燃烧，高度对称的高收缩压缩比，高度对称的压缩物质的惯性等（见图 2）。

图 2　磁约束聚变发展路线图

1.5　其他先进堆型

1.5.1　行波堆

行波堆采用钠做冷却剂，属于钠冷快堆，也被称为第四代或四代加核电技术，目前于探索研究阶段。由于堆芯能量密度过高，泰拉能源转向研究驻波堆，正在设计论证原型行波堆 TWR-P，为商业驻波堆 TWR-C 提供依据。行波堆研发需要攻克增殖焚烧波产生并行进，组件布局倒料方案设计，设备设计和验证等难题。

1.5.2　聚变-裂变混合堆

混合堆属于国家大科学装置，投资大，采用 Z 箍缩实现聚变设计。美国 Z 箍缩聚变物理设计，预期可在 30 MA 电流条件下实现聚变点火。俄罗斯正在建设 50 MA 贝加尔装置，有望实现惯性约束聚变点火。国内由中物院在开展，处于关键技术攻关阶段。混合堆的主要技术难关在于聚变技术不成熟，聚变反应室壁结构材料，中子屏蔽效果，事故时的应急控制和功率分布不均匀等。

2 先进核电技术研发特点

2.1 先进堆的实际研发进度落后于原先计划

三代压水堆首堆拖期超概，如 AP1000、EPR 等。小堆发展进度没有原先计划的乐观。2013 年 GIF 调整了第四代核能系统发展路线图，推迟了重要里程碑节点研发时间。聚变堆一直在推迟商业投运的时间。

2.2 大型先进压水堆是未来相当长一段时间内的主力堆型

大型先进压水堆有较好的技术基础和发展经验，实际工业应用时间将比预计的要长。降低建造成本、提高经济性、使用先进核燃料等是大型先进压水堆改进的重点。

2.3 先进堆型有待聚焦，重点在于攻克关键技术和材料难关

小堆是先进核反应堆技术军民融合发展的重要领域，但还没有形成主流发展方向。第四代核能系统出现了不少于 50 种的概念设计，甚至研究方向发生了根本性的转变。先进堆型概念设计多，多数处于

探索阶段，攻克关键技术和材料问题将使先进堆有所突破。

2.4 国际联合研发是先进堆发展的趋势

先进堆研究周期长，多数处于探索攻关阶段，方向不明确，研发经费需求大，联合研发是重要发展方式。欧盟在框架计划下，研发第四代核能系统。美国支持欧洲、日本和韩国研究高温堆。中美合作研发行波堆。中美等 7 方联合研发 ITER 聚变项目。

3 相关建议

（1）继续优化自主三代压水堆技术，完成标准化工作，提高经济性和市场竞争力；开发先进燃料元件，提高安全性等。

（2）小堆研发要利用好现有资源，尽快建成示范项目，重点在多用途性和模块化两个方面进行改进，重视军民技术的相互转化，实现安全性、经济性、适应性和公众接受性的统一。

（3）四代及其他先进堆型在选型和研发时应注意技术跟踪与成果转化、现有资源与传统优势、政府支持与各集团投入、中外合作等方面的因素。

参考文献

[1] 郑明光．从 AP1000 到 CAP1400，我国先进三代非能动核电技术自主化历程［J］．中国核电，2018，11（1）：41-45.

[2] 周蓝宇，齐实，周涛．小型模块化反应堆发展趋势及前景［J］．科技创新与

应用，2017（21）：195-196.

[3] 李雪峰，雷梅芳．第四代核能系统的产生与发展［J］．中国核工业，2018（2）：29-32.

[4] 张国书．核聚变能源的开发现状及新进展［J］．中国核电，2018，11（1）：30-34.

[5] 李言瑞，白云生，韩绍阳，等．大型先进压水堆及配套的先进核燃料发展现状及趋势研究［J］．中国核电，2018（增刊1）：287-289.

[6] 伍浩松，郭志锋．2016年世界核电工业发展回顾［J］．国外核新闻，2017（2）：1-8.

[7] 张红军．世界核电技术发展新趋势探讨［J］．中国核工业，2016（8）：44-45.

核安保自主化发展思考

中国核科技信息与经济研究院核工业战略研究所
张佳琦　张　明　童　朴

摘　要：核安保是维护国家安全的不可或缺的重要组成部分。近年来核安保设备和软件自主化发展取得了显著成绩。为促进新时代核安保系统自主化更好更快发展，有必要对当前国内核安保设备和软件自主化现状、需求和存在问题进行分析总结。明确自主化发展是核安保设备和软件的必由之路。

关键词：核安保；核安保设备；核安保软件；自主化；核安全观

当前，随着我国核电产业的不断发展，相关核燃料、核技术应用发展规模的不断扩大，给核材料和核设施的安保带来巨大挑战。作为负责任大国，我国一贯高度重视核安保工作，坚持总体国家安全战略[1]和“理性、协调、并进”的核安全观，并通过将“核安全观”写入《中国人民共和国核安全法》的实际行动，向国际社会展示我国加强确保核材料和核设施安全的决心。

新时代随着《中国制造 2025》战略任务的推进实施[2]和大数据技术的广泛应用，为核安保设备和软件自主可控发展提供战略契机。一方面，数字和网络技术的发展，为核安保系统涵盖的传感器、电子电路、计算机网络等领域提供了技术上自主发展的土壤。另一方面，核安保设备和软件自主化具有重要的经济与安全利益。从维护国家安全、防核扩散、引领全球核安保系统市场的高度，统筹规划核安保设备和软件自主化有其重要战略意义。

近年来，我国在核安保系统自主化可控方面做了大量工作，取得了显著成绩。但核设施的核安保设备和绝大多数操作系统使用国外产品，仍是不争事实，自主可控推进速度较慢。自主化是独立发展民族经济和推进创新驱动发展的重要措施，只有做到核心关键设备和零部件、软件全部国内开发、自主可控，才能不受制于人。

1 形势与现状

1.1 中国核安全观，展示我国加强确保核材料和核设施安全的决心

国际上，目前，全球核安全峰会已召开四次，表明国际社会高度重视核安保工作，加强核材料和核设施工作已经成为世界大国的共识。作为负责任大国，我国一直高度重视核安保工作，坚持总体国家安全战略和“理性、协调、并进”的核安全观，秉持“为发展求安全、以安全促发展”的理念，始终追求发展和安全有机融合，加强核安全能力建设，保障核事业健康发展。随着国际反恐形势的日益严峻，我国核安保工作亦面临严峻的挑战。习近平主席出席了第三届和第四届核安全（核安保）峰会，向国际社会阐述了中国的核安全观，同时，于2018年1月1日实施的《中国人民共和国核安全法》，将“核安全观”写入其中，展示了我国加强确保核材料和核设施安全的

决心。

1.2 独立自主、自力更生是核工业发展的基本属性

我国以有限的 45 次核试验，实现了原子弹、氢弹、中子弹、核武器小型化等一系列里程碑式的跨越发展，多个型号战略武器列装部队。成功研制“两弹一艇”，打破了西方核大国的核讹诈和核垄断，建立了只有少数几个国家才拥有的完整核科技工业体系，奠定了我国的核大国地位，支撑起了民族自立的脊梁。

我国核工业发展的第一个 30 年，是在一穷二白基础上建设发展，用最短时间跻身世界前列。第二个 30 年，在确保核力量建设同时，开始艰难的军转民之路，核电发展为军民结合提供了新的发展途径，核工业经济迅速壮大。我们正进入一个全新的 30 年，我国经济体量已跃居世界第二，科学技术的突飞猛进为核工业发展注入了活力，为核力量建设发展和核能和平利用提供了新的重大机遇。一方面，随着数字和网络技术的发展，为核安保系统涵盖的传感器、电子电路、计算机网络等领域提供了技术上自主发展的土壤。另一方面，核安保设备和软件自主化具有重要的经济与安全利益。从维护国家安全、防核扩散、引领全球核安保系统市场的高度，统筹规划核安保设备和软件自主化有其战略意义。

1.3 从中国制造到中国创造，自主可控发展取得一定成绩

自主可控是独立发展民族经济和推进创新驱动发展的重要措施，通过学习吸收过程，对国外先进技术进行引进、吸收、消化，全面掌握产品核心技术，依靠自主研发设计，形成具有自主知识产权的产

品，实现从硬件到软件的研制、生产、升级的全程自主及全产业链的可控，做到核心关键设备和零部件、各类软件全部国内开发、国产可控，不受制于人。

国产化可划分为三个层次，分别是中国品牌、中国制造和中国创造。拥有国内品牌，采用国外产品国内贴膜产品，称为中国品牌。核心芯片和核心技术来自国外，国内生产制造，称为中国制造。采用国产芯片、国内设计和制造，核心芯片和核心技术由国内掌握，具有自主知识产权，称为中国创造。三个层面只有中国创造才是真正意义上实现了自主可控。

在发展核安保自主可控方面，近年来，国防科工局为推进核安保设备和软件国产化工作，启动了相关实物保护建设项目国产化试点工程。近两年国防科工局把核安保设备和软件自主可控作为核安保检查的一项重要内容，推进我国核设施核安保系统自主化进程。核安保国产化试点工程基本实现了既定目标。

2 需求与差距

在国家全面推进信息系统国产化的大背景下，自主可控信息系统及应用正在形成一个新的产业，以自主可控产品为基础支撑，国内各类企业积极参与自主可控信息技术产业发展建设。

2.1 基础支撑工业

在国产核心芯片方面，经过多年技术积累，我国自主计算机关键软硬件技术已经取得较大突破，国产中央处理芯片（CPU）方面形成了以龙芯、飞腾、申威、兆芯、宏芯等为代表的不同架构的国产 CPU

处理器，部分已经形成系列化产品，但与国外处理器相比，国产处理器大多数在核心频率上尚有差距。

在国产计算机方面，“棱镜门”事件发生后，国家加大了对国产计算机等设备的重视，计算机的国产化进程发展迅速。浪潮、联想、长城等主流厂商和中国航天科工集团等军工企业纷纷推出了自主可控的产品。

在国产操作系统方面，国产 Linux 类操作系统基本采用“拿来分析重构、引进消化吸收”的路线。主要包括中标麒麟、中科红旗、中国操作系统等。

在国产服务器方面，国外厂商在中国服务器市场具有垄断性优势，IBM 等国外主流服务器产品占据了国内 70%以上的市场份额。浪潮、曙光、航天科工集团、联想、长城等主力服务器厂商纷纷推出了自主可控服务器产品。目前，自主单路、多路服务器产品基本满足中端服务器产品需求。

2.2 核安保关键技术设备

目前核安保系统所需的服务器、存储、网络设备、操作系统、数据库、入侵探测报警、视频监视与复核、出入控制、通讯指挥、集成管理等功能系统[4]已有可用的自主化设备，核安保系统自主化产品能够用于核设施核安保系统能力建设中。

探测报警：随着核电站建设的推广、海上浮动核电站技术及小型无人机技术的发展，核安保领域所面临的威胁类型正在由陆地逐渐扩展到水域和低空，相关水域探测及低空探测技术也得到一定发展。由于我国传感器技术发展及生产工艺水平的限制，前端探测传感器大部分依赖进口，传感器信号处理及数据传输具备实现自主可控的国产化条件。

视频监测：目前摄像机镜头、CCD、CMOS 感光传感器和视频图像处理芯片仍主要依赖进口，摄像机设计、数据处理及智能图像处理算法等基本实现了自主化。近年来我国在摄像机技术应用方面的发展逐渐走向成熟。

出入控制：出入控制系统的研制和开发基本基于国外芯片技术，进行电路设计、算法编程。部分厂家采用基于自主可控处理芯片技术，从底层操作系统、控制器软硬件和上层管理软件实现全方位的国产化自主可控。

通讯指挥：国内在无线通讯技术方面除核心处理芯片仍进口外，从加密算法到系统设计和生产等方面，已经全部实现了自主化。

集成管理：目前国内在集成管理系统自主开发中存在两种模式，一种是基于国产计算机和国产操作系统（Linux 框架），另一种是基于 Windows 操作系统，基本实现自主化。

网络设备：国家重点扶持了一批本土的网络设备企业，研发并推出一批自主品牌的产品，使得网络设备的自主化进程向前推进了一大步。

由于我国在计算机、电子、通信、自动化、半导体等相关行业技术发展相对滞后，而核安保实物保护系统和设备绝大多数为电子设备，控制系统为网络化、智能化、数字化平台，因此，国内该领域的核心系统和设备均落后于欧美等一些发达国家。

2.3 与美国等国际先进技术水平差距

在核安保系统技术研究方面，国外从 20 世纪 70 年代开始从事核安保技术研究工作，建立了比较完善的核安保技术体系，实现了实物保护系统量化评估，我国从“十五”开始从事系统研究工作，在借鉴国外经验的基础上研究开发了实物保护评价系统，建立了评价数据库，但在风险分析、新技术的采用、评价方法和数据更新方面还需要持续地开展工作，有待于全面开展核安保系统技术研究。

在新技术的采用和关键设备研制方面，国外及时将新技术应用到核安保系统，三维成像、视频系统侦测、夜光识别监视、电子封记、核材料快速测量分析、精确定位、水下入侵探测、计算机安保等先进技术已应用到核安保领域，解决核安保系统的关键技术问题，安保系统的防范水平不断提高。而国内市场大部分是仿制国外设备，在新技术的研发与应用方面，与国外相比进程较慢。

在基础器件与设备研发能力方面，国外有长期的开发和应用经验，设备可靠性、功能完整性、性能指标和运行稳定性较先进。国内采用的基础器件，如 CPU、MCU、大规模集成电路、高速运算处理芯片、逻辑芯片基本尚未完全自主化。国产安防设备，如摄像机、视频切换系统、室内探测器等技术方面已经很成熟，但室外探测设备、特殊场所需要的设备与国外设备相比在性能、探测效率和可靠性方面相差很大，在设备成套方面也缺乏经验。

3 问题与不足

我国在核安保和核材料管制方面已开展了几十年的工作，在组织管理、法规标准[5]、技术研究、技术人员储备等方面，均已取得一定成绩，为目前我国核能的安全、稳定发展奠定了基础。但仍存在一些问题，主要体现在：

一是核安保自主可控要求不明确，缺乏整体规划和统一指导。目前核安保设备和软件自主发展依靠市场供给，缺乏从技术研发、产品生产、系统集成建设和运行整个产业链条的统筹规划和指导，核安保自主化尚未推出合理可行的政策、法规和技术标准，建立日常监督和管理体系。

二是核安保设备和软件各系统发展层次不同，个别产品性能和可靠性与国外差距大。当前，核安保设备和软件各个系统自主化发展到不同层次，核安保设备和软件的自主化推进需考虑到各个系统当前发展的层次，区别对待。此外，核电、民用核设施、军用核设施对核安保设备和软件的自主化需求有所差别，需要分类、分级、分步的有序实施，逐步推进。

三是核安保基础科研能力薄弱，验证试验手段和方法匮乏不足。国内核安保演练平台和有效性评价数据库建设相对滞后，其设备、软件和评价数据大多来自国外。核安保集成管理平台兼容性和互联互通性需要进行不断的工程试验、验证和完善。目前缺乏面向工程应用的最优化集成体系，在软件运行的稳定性、可靠性能否达标等方面存在不确定性。

四是不完善的市场化体系与日益增长的核安保发展需求之间不匹配。基础设备和软件的自主化研发支持不足，导致对社会资本的吸引力不足，存在发展周期过长，投入的支撑力量薄弱等弊端；现行的法规标准在一些技术指导性文件上指导性已经过时，缺乏以增强工程应用中的实用性为首要目标的指导性要求。

4 结语

我国作为负责任大国，始终坚持安全第一的原则，坚决杜绝任何核事故或核破坏，我国在役核电机组运行近30年来从未发生过2级以上核安全事故。核安保作为提升核设施安全的手段，是维护国家安全的不可或缺的重要组成部分。为了更好地适应新时代形势及技术的发展变化，需加强核安保自主可控政策引导，加大核安保关键设备科研投入，建立核安保自主可控创新机制，重视核安保专业人才队伍建，进一步提升我国核安保总体能力和技术水平。

参考文献

[1] 张佳琦．总体国家安全观下核安全的纵深与维度［J］．中国核工业，2017（7）：42-44.

[2] 李卫东．“工业 4.0”对推进“中国制造 2025”的启示［D］．中国优秀硕士学位论文全文数据库，2017.

[3] 中国工程院“我国核能发展的再研究”项目组．我国核能发展的再研究［M］．北京：清华大学出版社，2015：96-109.

[4] 闫敏，冯林方，严明，等．核安保及核安保措施研究［J］．中国科技博览，2013（22）：300-301.

[5] 国家国防科技工业局系统工程二司．核安保相关法律法规汇编［G］．北京：法律出版社，2016.

核工业微信表情包

中国核科技信息与经济研究院中国原子能出版传媒有限公司

张书玉　刘东鹏

摘　要： 随着移动互联时代的到来，表情包的制作数量与使用频次呈现跨越式增长，它的流行符合了人最本能的直观表达和情感需求，能在核科普宣传方面发挥积极的作用，容易在核工作群体的沟通中形成一定的文化认同，造成社会话语生态变革。本项目通过对核工业工作者的工作日常和专业兴趣再现，创造图像化的核工业日常交流，并以此引发更多核工业人参与其中，构筑行业沟通语言文化。

关键词： 核工业；表情包；人际交流

1　研究背景

在网络交流中，很多时候，我们无法用文字准确表达自己的本意，同样一句话，会因为语调、表情的变化而产生不同的含义，而非面对面交流的我们，无法让对方透过屏幕来读懂自己实际想要传达的感情。有时候，仅回复“好”“是”尴尬生硬，容易让人产生误解，干脆选择一个可爱的表情包，简单易懂，既能清晰传达情绪，又能缓和气氛，拉近彼此的距离。专门研究非语言符号的艾伯顿梅热比曾提出公式：沟通双方互相理解＝语调、语速（38%）＋表情、姿态（55%）＋语言内容（7%）。表情包的兴起，一定程度上弥补了这部分的缺憾，让聊天增添了一份色彩，也可以使对话更顺畅地进行。

2017 年，在中央八项规定实施 5 周年之际，中央纪委监察部网站推出的一组巩固拓展落实中央八项规定精神成果主题表情包，以“严肃话题百姓视角”来宣传八项规定精神、阐述作风建设要义，拉近了网友与纪检监察机关的距离，增进了人民群众对八项规定精神的了解。如此“接地气”的表达方式旋即成为网络热点，首日点击量即过百万人次。这说明，表情包从搞笑娱乐的单一功能，逐渐向严肃表达转变。表情包不再只是逗乐用的照片，而是一种现代社会的语言文化，更是我们日常生活的一种方式。

2 研究意义与目标

作为随网络社交软件日益活跃而形成的流行文化，表情包以简洁、有趣的图片蕴藏着复杂的信息和内涵，不但因易被辨识和理解而广为传播，更能准确击中社会心理。表情包多为静态图片或者 GIF 动态图片，既有表情、动作，也可含有文字，意义简洁直接，表达诙谐有趣，仅仅一图就有丰富的社会文化蕴意。微信表情在现代社会的沟通中扮演了一个特殊的角色，既融入我们的沟通表达，而又凌驾于沟通表达之上。

传播话语要创新，核文化的宣传也要与时俱进。那些独具核工业特色的文化元素和“梗”不仅会因为易于被辨识和理解而在行业内广为传播，更能准确击中核工业人的心理。核工业人可以通过特殊的表情包来传递信息，这样既显个性，又体现了核工业人这种特殊的社会身份的归属意愿。

本项目旨在设计一套专属于核工业人的表情包，让人们在愉悦身心的同时，传播核文化，让核文化融入到日常聊天中，让核文化更有带入感和亲切感。具体操作就是利用 Pr、PS、VideoStudio 等视频、图片软件，将具有核工业特色的图片、视频、故事进行二次创作，设计若干静态、动态的微信表情。

3 研究成果

3.1 设计思路与过程

首先，对表情包里的风格进行定位。目前微信表情鱼龙混杂，很多微信表情都是靠贩卖低俗、恶搞来吸引人们的眼球。核工业微信表情应当弘扬是核工业的正能量，为了避免表情包太过于严肃，我们在设计表情包是主要采用幽默的方式，雅俗共赏是我们在设计微信表情时的最高目标。

之后思考的就是“关键词”，“关键词”是表情图片中想要表达的核心思想，受众也是通过领悟到关键词来产生触动。“关键词”可能是一个词语，也可以是一句话，甚至是一个表情、一个动作。通过头脑风暴形式列出想要表达的“关键词”，有针对性地寻找表情素材，然后通过编辑加工生成一张张的图片。

3.2 成果展示

本项目共设计一套 12 张微信图片，已经小范围试用，目前正在针对微信平台的要求，对表情包图片做修改以适宜微信平台在图片尺寸、内存大小、文字内容等方面的要求。以下是本项目微信动态表情图片的静态展示（由于文本格式的限制，原本的动态图片只能显示成静止的）（见图 1～图 3）。

图 1　根本停不下来

图 2　瞬间爆炸

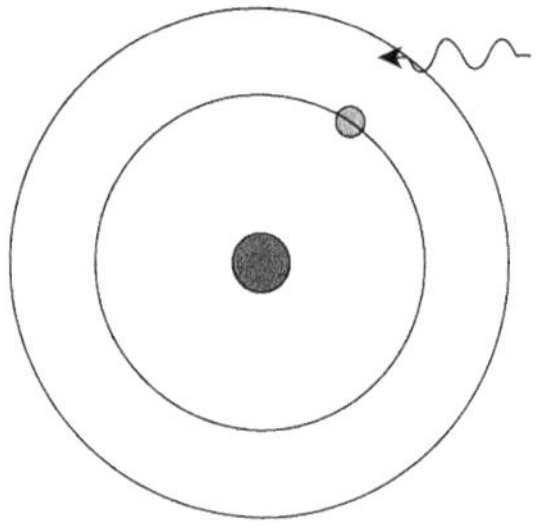

图 3　旋转、跳跃，我闭着眼

4　存在的问题与改进

4.1　存在的主要问题

课题研究虽然已经告一段落，我们清晰地认识到在微信表情包的制作和运营方面，自身的能力很欠缺，表情包作品在很多方面都显得有些粗糙。但在以后的工作之中，我们要继续创新和完善。具体来说，问题主要有以下两个方面：

（1）对核工业知识的认识肤浅，对核工业的历史陌生。核工业表情包设计的起点，是对核工业的理解，理解不足导致我们在表情包的题材上很受限制，可以创造的空间不足，不能挖掘到工作和生活中可以制作成表情包的素材。

（2）编辑制作表情包的能力和经验不足

本次设计的表情包，主要是以视频截图为主，不能自己设计微信表情卡通形象，这主要是我们在设计和绘制能力方面的不足。同时，我们忽略了微信平台的运营。一套微信表情包想要上架，其表情主图和缩略图都需要 2px 的描边，不然微信平台会审核不通过。这也是导致我们的微信表情包迟迟无法上线的主要原因，未来我们会吸取这个教训。

4.2 改进建议

（1）善于学习

现在的微信表情包是高度商业化、专业化的，想要制作出精良的适合核工业人的微信表情包，需要熟练的加工技术。由于时间仓促，我们的课题研究在内容收集、素材处理、信息发布方面还有很多不足，很多微信表情制作得还很粗糙，而且是主要以视频截图为主。我们将会不断提升视频剪辑、图片处理、美术设计、微信运用的能力，而且要在原创性上不断突破。不仅要挖掘现有影像资源，更要能够自己创作卡通形象，打造属于核工业微信表情包的大 IP。

（2）细分用户需求

核工业人是一个很广大的群体，不同的年龄段、喜好、职业、性别的人对于表情的反应各不相同，我们会针对不同用户的需求下功夫。初步准备针对核工业不同领域，如在校师生、核电站工作人员、研究院工作人员、男性、女性等，他们的喜好不同，在创作中融入有针对性的特点。

（3）不断更新

表情包是一种很潮流的产品，用户难以对表情保持长久的新鲜感。即使是一张有趣的表情图片，用户使用几天后也会厌烦。所以对核工业微信表情的不断更新才是表情包不断进步、不断壮大的根本之道。这需要我们持续努力，一是要不断收集工作生活中的素材，不断补充完善表情包；二是要多与人交流学习，吸取他们身边的故事；三是可以吸引更多的人加入到微信表情包的制作中来，微信表情不是垄断的产品，而是每个人都可以往里面添加，每个人都可以展现自己的趣味的公共艺术。